现代艺术设计类"十二五"精品规划教材

Illustrator CS5 应用案例教程

主 编 王 静 李 凯

副主编 王海礁 曹 舒 贾 琼 邱 爽

U0128771

中国水利水电出版社
www.waterpub.com.cn

内容提要

Illustrator 是 Adobe 公司重要的矢量图制作软件,可用于平面设计、包装设计、艺术插画绘制、印刷排版、多媒体及 Web 图形的制作和处理。本书以最新的 Illustrator CS5 版本为载体,将理论知识与实际操作相结合,为读者进行讲解。除第 1 章介绍基础知识外,其他各章均以案例的方式讲述实际操作技巧,详细分析了每个案例的学习目的、设计流程及步骤,并配有拓展练习,以达到举一反三的教学效果。

本书共 9 章,分别介绍 Illustrator CS5 的基础知识、选择工具、基本绘图工具、曲线路径绘制工具、文字工具、图层与蒙版的应用、符号工具、混合工具、网格工具、滤镜与特殊效果、打印输出等内容,讲解了 40 多个大小案例。每个案例都是由简单到综合,语言简练、思路清晰,具有很强的实用性、可操作性和指导性。

本书可作为高等院校平面设计、包装设计、印刷排版等专业的综合实训教材,也可作为社会培训机构的培训教材,还可作为平面设计、包装设计、印刷排版爱好者的参考资料。

本书配有电子教案,读者可以到中国水利水电出版社网站和万水书苑上免费下载,网址为:
http://www.waterpub.com.cn/softdown/和 http://www.wsbookshow.com。

图书在版编目(C I P)数据

Illustrator CS5应用案例教程 / 王静,李凯主编
. -- 北京:中国水利水电出版社,2012.8
现代艺术设计类"十二五"精品规划教材
ISBN 978-7-5084-9995-6

Ⅰ. ①I… Ⅱ. ①王… ②李… Ⅲ. ①图形软件—高等学校—教材 Ⅳ. ①TP391.41

中国版本图书馆CIP数据核字(2012)第159378号

策划编辑:石永峰　　责任编辑:张玉玲　　封面设计:李　佳

书　名	现代艺术设计类"十二五"精品规划教材 Illustrator CS5 应用案例教程
作　者	主　编　王　静　李　凯 副主编　王海礁　曹　舒　贾　琼　邱　爽
出版发行	中国水利水电出版社 (北京市海淀区玉渊潭南路 1 号 D 座　100038) 网址:www.waterpub.com.cn E-mail:mchannel@263.net(万水) 　　　　sales@waterpub.com.cn 电话:(010)68367658(发行部)、82562819(万水)
经　售	北京科水图书销售中心(零售) 电话:(010)88383994、63202643、68545874 全国各地新华书店和相关出版物销售网点
排　版	北京万水电子信息有限公司
印　刷	北京蓝空印刷厂
规　格	210mm×285mm　16 开本　15 印张　450 千字
版　次	2012 年 9 月第 1 版　2012 年 9 月第 1 次印刷
印　数	0001—3000 册
定　价	35.00 元(赠 1CD)

前　言

平面设计已经成为当前比较热门的职业之一，平面设计的从业者设计水准也在迅速提高，其竞争自然是越来越激烈。因此要想打败对手，在行业中具有竞争力，就要有自己得力的"武器"。Adobe公司的 Illustrator 就是平面设计的"利器"，升级后的 Illustrator CS5 的功能更为强大。Illustrator 能够与几乎所有的平面、网页、动画软件完美结合，这就让设计师们在创意上更加大胆，更节省了大量设计时间。

Illustrator CS5 是一款非常受设计师欢迎的图形设计软件，其强大的绘图功能、丰富的特殊效果命令能够快速地将创意制作为设计作品，使得设计师能够轻松地处理各类案例设计。Illustrator CS5 新增了许多高级绘制工具和形象的画笔。例如透视图、毛刷画笔、可变宽度笔触的形状生成器工具等更加实用的功能为设计师提供了很大的便利。

通过对本书的学习，读者可以在较短时间内掌握 Illustrator CS5 的相关知识和操作技巧。在讲解软件知识的同时，通过案例操作的形式进行具体讲述，将软件的操作方法和功能全部融入到每一步的案例设计上。并且每章后都配有拓展练习，对所学知识进行练习和巩固。

全书共分 9 章：第 1 章 Illustrator CS5 基础知识、第 2 章 基本形状绘制与案例设计、第 3 章 曲线路径绘制与案例设计、第 4 章 编辑对象与案例设计、第 5 章 特殊艺术文字效果设计、第 6 章 图层和蒙版的应用与案例设计、第 7 章 符号、图表、混合和网格的运用与案例设计、第 8 章 滤镜和矢量图特效与案例设计、第 9 章 综合行业案例设计。

本书由多名在高校从事艺术设计教学的一线教师与实践经验丰富的设计师共同编写。本书由王静、李凯任主编，王海礁、曹舒、贾琼、邱爽任副主编。具体分工为：第 1 章、第 3 章、第 4 章、第 7 章由王静编写，第 2 章、第 8 章由李凯编写，第 5 章、第 6 章由曹舒编写，第 9 章由贾琼、邱爽编写，陈帅佐、马晟瑶、崔贺、宋振成、卜一平、马震、李岱松、王庆毅、钱芳冰、王海礁、吕袁媛、曹丽参加了部分内容的编写。

由于编者水平所限，书中疏漏和错误之处在所难免，恳请读者批评指正，以便今后修订完善。

编　者

2012 年 7 月

目　　录

第 1 章　Illustrator CS5 基础知识

学习目的

　　Illustrator 是由 Adobe 公司开发的一款优秀的矢量图软件。本章将介绍 Illustrator CS5 的运行环境、应用领域、操作界面及新增功能、对对象的操作与管理等相关知识和操作技巧，让大家对 Illustrator CS5 软件有一个比较全面的了解。

1.1　Illustrator CS5 的快速入门

　　Illustrator 是由 Adobe 公司开发的著名的矢量图处理软件，可用于绘制插画、印刷排版、多媒体和 Web 图像的制作和处理。本章将对最新版本的 Illustrator CS5 进行简单介绍，包括 Illustrator CS5 的新增功能、安装与启动、图像的基础知识等，使读者对 Illustrator CS5 有个初步的了解。

　　1. Illustrator CS5 简介

　　CS5 是目前该软件较新的版本，在以往强大功能的基础上对一些功能又做了相应的调整和更改，并新增了一些实用的操作功能，为全球用户提供了一个更为优越的创作空间。如图 1-1 所示为 Adobe Illustrator CS5 的产品包装图片，如图 1-2 所示是 Adobe Illustrator CS5 的启动画面。

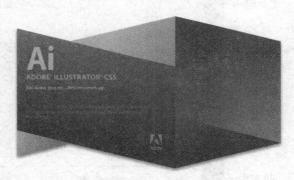

图 1-1　产品包装　　　　　　　　　　　　　　　图 1-2　启动画面

　　2. Illustrator CS5 的运行环境

　　在安装与使用 Illustrator CS5 之前，先要了解一下 Illustrator CS5 运行时对系统的要求。Illustrator CS5 简体中文版对系统的最低要求如表 1-1 所示。

表 1-1　Illustrator CS5 简体中文版对系统的最低要求

Windows	Macintosh
Intel Pentium 4、Intel Centrino、Intel Xeon 或 Intel Core Duo（或兼容的）处理器	PowerPC G4/G5 或多核 Intel 处理器
Microsoft Windows XP with Service Pack3、Windows Vista Home Premium、Business、Ultimate 或 Enterprise with Service Pack 1 或 Windows 7	Mac OS XV. 10.4.8

续表

Windows	Macintosh
2GB 可用硬盘空间用于安装，安装过程中需要额外的可用空间（无法安装在基于内存的设备上）	2GB 可用硬盘空间用于安装，安装过程中需要额外的可用空间（无法安装在区分大小写的文件系统的卷或基于闪存的设备上）
1024*768 显示器分辨率（推荐使用 1280*800），16 位显卡	1024*768 显示器分辨率（推荐使用 1280*800），16 位显卡
DVD-ROM 驱动器	DVD-ROM 驱动器
多媒体功能需要 QuickTime 7 软件	多媒体功能需要 QuickTime 7 软件
在线服务需要宽带 Internet 连接	在线服务需要宽带 Internet 连接

3. Illustrator CS5 的应用领域

矢量图是如今应用非常广泛的图形设计形式，Illustrator 以其强大的图形制作功能和美观的操作界面优势占据着广大的设计领域。在图形的兼容性和操作简易性上，Illustrator 也具有较大的优势，广泛应用于广告设计、印刷排版、包装设计、CI/VI 设计、插画设计和网页设计等领域。

4. Illustrator CS5 的工作界面

Illustrator CS5 的默认工作界面如图 1-3 所示，其中包括菜单栏、插图窗口、工具箱、控制栏、状态栏、其他面板等。

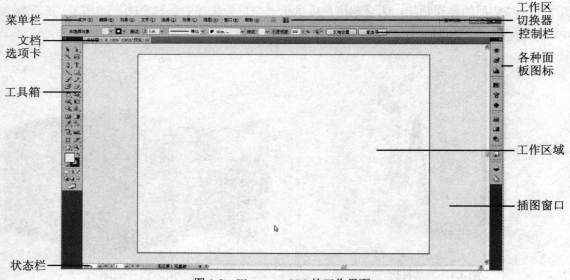

图 1-3　Illustrator CS5 的工作界面

部分功能介绍如下：

- 菜单栏：共有 9 个菜单项，包括了 Illustrator CS5 的所有菜单命令。
- 文档选项卡：用于在同时打开的多个文档间进行切换，也可用于关闭文档等操作。
- 工具箱：包括了所有用于绘制和编辑图稿的工具。
- 状态栏：用于显示当前工作区域的缩放比例和其他信息。
- 插图窗口：是设计与绘制图稿的工作区域。
- 工作区切换器：用于切换不同的工作区。
- 其他面板图标：单击某图标可以打开相关面板，用于调整颜色与画笔、控制与修改图稿、应用图形样式等操作。
- 控制栏：其中包括与所选对象相关的选项，使用这些选项可以快速更改对象的相关属性。

1.2 Illustrator CS5 的工作环境与新增功能

1. 透视绘图

透视绘图是使用"透视网格工具"进行透视效果图的绘制，可在透视平面图上直接进行绘图。如图 1-4 所示是使用"透视网格工具"和"透视选区工具"在透视图上借助精确的透视点绘制形状和场景，并对这些形状和场景进行缩放、变换、移动和复制等操作。对透视网格中的对象可随意进行调整，还可对位于画板上的视频进行绘制图形等处理。

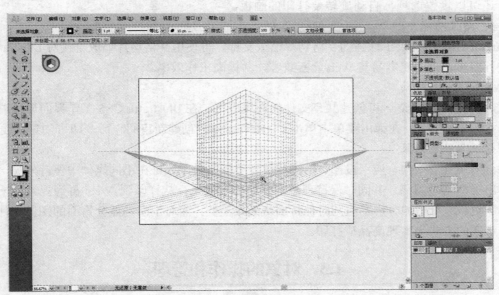

图 1-4　透视网格工具

2. 笔触设计功能

Illustrator CS5 新增了一些笔触设计功能，包括可变宽度笔触、虚线调整、画笔的伸展控制、带角控制的画笔等。此外，可为图形添加个性漂亮的描边效果，也可在"描边"面板中对图形的路径轮廓进行调整。

3. 使用 Flash Catalyst 实现往返编辑

Adobe CS5 系列产品中均提供了互动设计功能。在 Illustrator CS5 中应用相关功能绘制对象后，在 Adobe Flash Catalyst CS5 中打开该图稿，无须编写代码即可添加动作或互动组件。在添加相关动作或互动组件后，也可继续在 Illustrator CS5 中进行更改和编辑。

4. 针对 Web 和移动设备的精致图形

在使用 Illustrator CS5 设计 Web 图形时，需要保证栅格图像的清晰度，特别是 72 分辨率的标准 Web 图形。现在可以使用精准的像素对齐功能在像素网格上创建精确的矢量对象，在新建文档时可以选中"使新建对象与像素网格对齐"复选框。

5. 毛刷画笔

使用毛刷画笔绘制图形是用模拟真实绘画媒体绘制图形的方式绘制矢量对象。通过使用类似水彩或油画颜料等，利用矢量的可扩展性和可编辑性绘制或渲染对象。此外，还可以从预定义库中选择画笔或使用已经提供的现成图形来创建自己的个性画笔，并且能够设置其他画笔特性，如毛刷长度、硬度和透明绘制等，如图 1-5 所示。

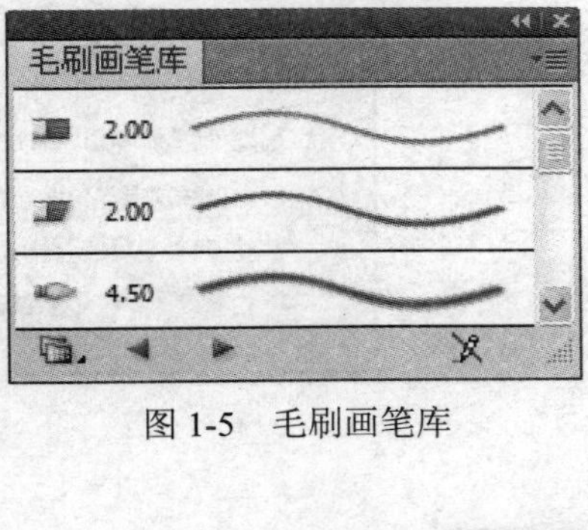

图 1-5　毛刷画笔库

6. 形状生成器工具

使用形状生成器工具，不用访问多个工具或面板，即可直接在画板中通过合并或擦除简单形状来创建较为复杂的形状。使用该工具可快速复制填充对象的颜色，也可分离重叠的形状以创建不同的对象，并在合并对象时轻松采用图稿样式。

7. 增强的多个画板功能

Illustrator CS5 中，增强了多个画板功能，可以方便地添加画板、在"画板"面板中重新排序画板、复制画板等。使用"控制"面板和"画板"面板可以为画板指定自定义名称。可以使用"就地粘贴"和"在所有面板上粘贴"选项将对象粘贴到画板上的特定位置，以及将图稿粘贴到所有画板上的相同位置，还可以设置选项，自动旋转要打印的画板。

8. 绘图增强功能

Illustrator CS5 中提供了增强的 9 格切片缩放支持。可使用 9 格切片缩放直接对 Illustrator CS5 中的符号进行编辑，使其更容易与 Web 元素兼容，并提高工作效率。

9. Adobe CS Review

使用 Adobe CS Review 可创建共享文件的在线审阅。在 Illustrator CS5 工作界面最顶端的标题栏右端单击 CS Live 按钮，在弹出菜单中单击 CS Review→"创建新审阅"命令即可创建在线审阅。

10. 分辨率独立效果

使用分辨率独立效果，应用投影、模糊和纹理等栅格效果，可在不同媒体中保持外观一致，可为不同的输出类型创建图稿，并同时保持理想的栅格外观效果；从打印到 Web 再到视频都无须考虑分辨率设置的更改；可增加分辨率但同时保持栅格效果不变；而对于那些低分辨率的图像文件，则可通过放大分辨率的方式来实现高品质打印。

1.3 对象的操作和管理

1. "新建文档"对话框及文档的基本操作

由于所有图形编辑都要在图像文件中完成，新建一个图形文档是首要条件。执行"文件"→"新建"命令，弹出"新建文档"对话框，如图 1-6 所示为新建一个空白文档。

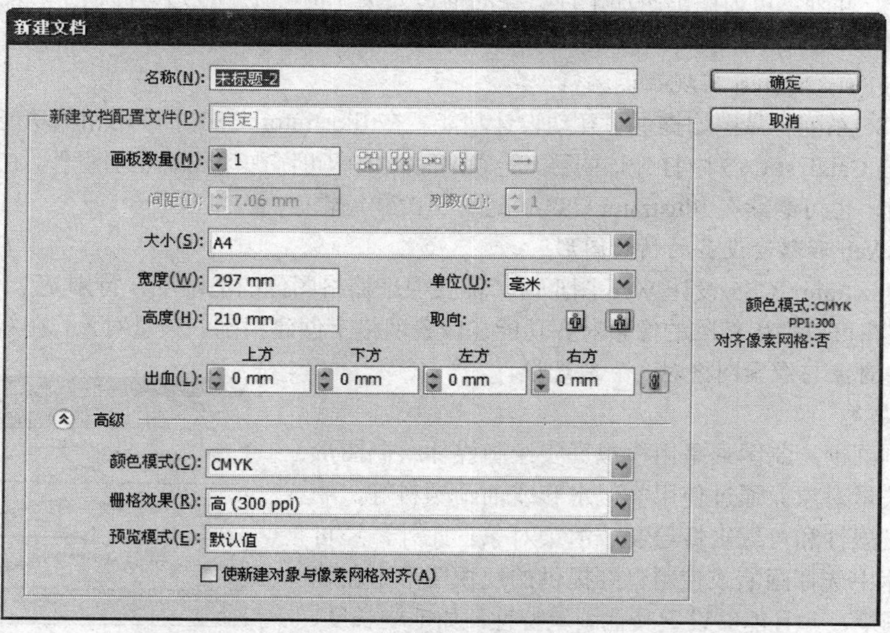

图 1-6 "新建文档"对话框

2．设置画板大小

在 Illustrator CS5 中，想对图像文件的画布大小进行设置和更改，可在属性栏中单击"文档设置"按钮，再在弹出的对话框中单击"编辑画板"按钮来完成。具体操作步骤如下：

1．打开一个图形文档，如图 1-7 所示。单击属性栏中的"文档设置"按钮，在弹出的对话框中单击"编辑画板"按钮，如图 1-8 所示。

图 1-7　打开图形文档

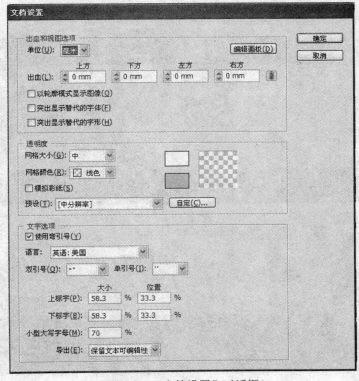

图 1-8　"文档设置"对话框

（2）执行"编辑画板"操作后，可看到图形窗口的画板裁剪框，如图 1-9 所示。拖动画板裁剪框调节点调整画板大小，如图 1-10 所示。完成相应的调整后，按住 Esc 键或单击选择工具完成画板的调整，如图 1-11 所示。

图 1-9　画板裁剪框

图 1-10　拖动画板裁剪框调节点

图 1-11　完成画板大小的调整

3．锁定和隐藏对象

在编辑图形时，如果既想看到图形对象，又要避免无意间拖动或更改图形对象，可以在选择图形对象后执行"对象"→"锁定"命令，其功能与"图层"面板中的"锁定"是一样的。锁定后对象不可以随意更改，同样也可以执行"对象"→"全部解锁"命令来将图形对象解锁。

4．对象的组织

针对图形对象进行选择、复制、粘贴、排列、编组、对齐和分布的基本操作叫做对象的组织。在"选择"菜单中，包含了多种不同的选择命令，如选择与取消选择、反向选择、重新选择、选择相同属性的对象和存储或编辑所选对象等操作。Ctrl+C 和 Ctrl+V 组合键是复制和粘贴的快捷键，Ctrl+F 组合键是粘贴在原位置并置于前面，Ctrl+B 组合键是粘贴在所选对象的后面。

5．变换对象

变换对象的形式有多种，包括移动、缩放、旋转、对称和倾斜等。

6．首选项的设置

在 Illustrator CS5 中，可以对首选项进行设置，执行"编辑"→"首选项"命令，弹出"首选项"对话框，如图 1-12 所示。

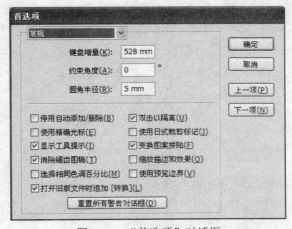

图 1-12　"首选项"对话框

7. 视图大小调整

在编辑图形对象时，通常需要将图像甚至文档进行局部和整体的调整。这就需要用放大、缩小、实际大小和画板适合窗口大小等命令来进行调整。

8. 标尺、参考线和网格

如果想要运用标尺、参考线和网格等辅助工具帮助绘制图形，可以执行"视图"→"标尺"→"显示标尺"命令，然后在标尺上拖出参考线，如图 1-13 所示。

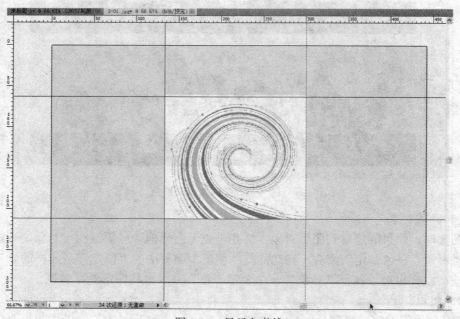

图 1-13　显示参考线

1.4　本章小结

本章主要讲述了 Illustrator CS5 的运行环境、应用领域、操作界面及新增功能、对对象的操作与管理的相关知识和操作技巧，使大家对 Illustrator CS5 软件中很多新增工具的操作方法有一个较为深入的认识。

第 2 章　基本形状绘制与案例设计

学习目的

基本形状绘制工具是 Illustrator 软件中的一个重要内容。本章通过学习矩形工具、椭圆形工具、多边形工具、星形工具、光晕工具的使用及相关知识来了解基本形状的绘制方法。通过对直线、弧线、螺旋线工具使用方法的了解，掌握软件中多种基本形状工具的综合运用技能，在案例绘制过程中简单体会填色、描边、渐变填充工具的使用。

2.1　相关知识

本节主要讲解 Illustrator CS5 中用于绘制基本形状的相关工具，如矩形工具、圆角矩形工具、椭圆形工具、多边形工具、星形工具、光晕工具、直线段工具、弧线工具、螺旋线工具、矩形网格工具、极坐标网格工具。通过使用这些工具绘制不同的图形，同时简单了解填色工具、描边工具、吸管工具、渐变填充、画笔面板、描边面板的设置等。

2.1.1　认识基本形状绘制工具

在 Illustrator CS5 中，提供了绘制基本图形的工具。按住矩形工具 ▭ 或直线工具 ╲，可弹出隐藏的相关工具，这些工具都是用于绘制基本图形所设，综合运用这些工具可以绘制出形状各异的路径效果。

1. 矩形工具、圆角矩形工具和椭圆形工具

矩形工具 ▭ 是最常见的工具，要绘制矩形，可按下 M 键并选取矩形工具，在要绘制矩形区域的左上角单击并拖动鼠标，将出现虚拟矩形框，松开鼠标将绘制矩形。按住 Shift 键可绘制正方形，按住 Shift+Alt 组合键可绘制以固定点为中心的正方形。

圆角矩形工具 ▢ 用于绘制四角圆润的矩形，方法与绘制矩形相同。

椭圆形工具 ⬭ 用于绘制不同效果的椭圆，包括正圆形。

2. 多边形工具、星形工具和光晕工具

多边形工具 ⬡ 用于创建不同边数的多边形。通过单击鼠标可弹出"多边形"对话框，通过设置参数可得到不同的多边形图形。

星形工具 ☆ 用于绘制星形路径。同多边形一样可以设置"星形工具"对话框中的参数来绘制星形，也可按住 Ctrl 键调整星形的夹角状态，按住 Alt 键可以绘制正五角星。

光晕工具 ◉ 用于创建光晕图形。同样可以通过设置"光晕工具选项"对话框中的参数来绘制不同的光晕效果。

3. 直线工具、弧线工具、螺旋线工具、矩形网格工具和极坐标网格工具

直线工具 ╲ 是用于绘制直线的，通过按住鼠标左键并拖动可以调整线段的方向和长短，按住 Shift 键可以 45° 角、垂直或水平创建线段。

弧线工具 ╭ 是用于绘制弧线的，单击鼠标可弹出"弧线段工具选项"对话框，通过设置相关数值和属性可得到不同的弧线效果，如开放或封闭的弧线。

螺旋线工具 ◎ 用来绘制不同效果的螺旋路径，按住 Ctrl 键拖动鼠标可调整螺旋线的密度。

矩形网格工具 ▦ 是用来创建网格图形的，按住 Shift 键拖动鼠标可绘制正方形网格。

极坐标网格工具⊕又称雷达网格，是用来创建极坐标网格图形的。

2.1.2 填充与描边工具的基本操作

在 Illustrator CS5 中，提供了大量的应用颜色与渐变工具，包括工具箱、色板面板、颜色面板、拾色器和吸管工具等，可以快捷地为图形填充颜色。描边是将颜色应用于轮廓，软件又新增了很多具有个性的画笔描边为描边工具所用。

1. 设置填充颜色

填充工具■位于工具箱的下方，与描边工具在一起。双击填充工具图标，可弹出"拾色器"对话框，在其中提取相应的颜色作为当前填充颜色。渐变填充工具■图标位于填充工具的下方。单击"渐变填充工具"图标，便可为图形添加渐变填充。

2. 设置描边颜色

对象的描边由颜色、粗细和画笔样式组成。描边工具图标■位于工具箱的下方。双击"描边"图标，可弹出"拾色器"对话框，单击鼠标拾取颜色，如果要取消描边可单击"无描边"按钮☑。

以上各种绘图工具及其作用如表 2-1 所示。

表 2-1　各种绘图工具及其作用

工具	作用
矩形工具	用于绘制矩形路径。按住 Shift 键可绘制正方形；按住 Alt 键可以起始点为中心绘制矩形；按住 Shift+Alt 键可以起始点为中心绘制正方形
圆角矩形工具	用于绘制四角圆润的矩形，其绘制方法与矩形工具基本一致
椭圆形工具	用于绘制不同效果的椭圆形。按住 Shift 键可以绘制正圆，其他绘制方法与矩形工具基本一致
多边形工具	用于绘制不同边数的多边形。也可单击后，在对话框中设置所要创建的多边形的半径和边数
星形工具	用于绘制星形路径。按住 Ctrl 键可以调整星形的夹角状态；按住 Alt 键可以绘制正五角星。也可以在对话框中设置所要创建的星形半径和角点数来绘制比较复杂的星形
光晕工具	用于创建光晕图形。光晕是来自一个光源的高亮度显示或反射，可以对任何背景和图形进行设置。打开该工具的对话框，可通过设置不同的参数来绘制不同效果的光晕
线段工具	用于绘制直线段。绘制的同时按住鼠标左键并拖动可以调整所绘制线段的方向；按住 Shift 键进行绘制，以水平或垂直方向及 45° 角绘制线段；也可以打开对话框，设置选项的相关参数
弧线工具	用于绘制弧线。打开对话框设置相关参数和属性，可得到不同的弧线效果。按住 ˜ 键可连续绘制多个弧线段来绘制特殊的弧线效果
螺旋线工具	用于绘制不同效果的螺旋线。按住 Ctrl 键并拖动鼠标，可调整螺旋线的密度
矩形网格工具	用于创建网格图形。按住 Shift 键并拖动鼠标可绘制正方形网格
极坐标网格工具	用于创建极坐标网格图形

2.2 案例设计

2.2.1 案例：时钟图标

知识点提示：本节案例设计中主要介绍椭圆形工具、矩形工具、直线工具、弧线工具、多边形工具的使用方法。

1. 案例效果

我们经常使用工具箱中的基本绘图工具来绘制各种图形。如图 2-1 所示是利用基本绘图工具制作的矢量图形——时钟图标。

图 2-1　时钟图标

2. 案例制作流程

使用基本绘图工具绘制此时钟图标的基本流程如图 2-2 所示。

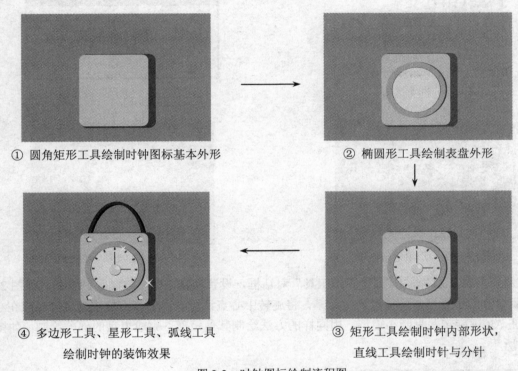

① 圆角矩形工具绘制时钟图标基本外形　　　　② 椭圆形工具绘制表盘外形

④ 多边形工具、星形工具、弧线工具　　　　　③ 矩形工具绘制时钟内部形状，

　　绘制时钟的装饰效果　　　　　　　　　　　　直线工具绘制时针与分针

图 2-2　时钟图标绘制流程图

3. 案例操作步骤

（1）选择圆角矩形工具 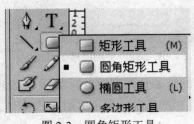（如图 2-3 所示），在画面中单击打开"圆角矩形"对话框，设置宽度、高度、圆角半径等参数（如图 2-4 所示），单击"确定"按钮创建一个圆角矩形，将填充颜色设置为淡蓝色，描边为无（如图 2-5 所示），将淡蓝色圆角矩形复制并放在后面，将填充色改为深蓝色，描边为无，做出图标的立体效果（如图 2-6 所示）。

图 2-3　圆角矩形工具　　　　　　　　　　　图 2-4　"圆角矩形"对话框

图 2-5　创建圆角矩形

图 2-6　复制圆角矩形并更改颜色

（2）选择椭圆形工具 （如图 2-7 所示），按住 Shift 键绘制正圆形，也可以打开"椭圆"对话框并设置相应数值来绘制正圆形，如图 2-8 所示。填充色为褐色，描边为无，如图 2-9 所示。复制多个正圆形，完成时钟表盘的外形绘制，如图 2-10 所示。

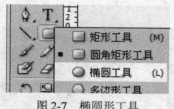

图 2-7　椭圆形工具

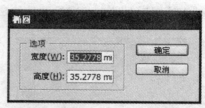

图 2-8　"椭圆"对话框

图 2-9　为圆形填色与描边

图 2-10　复制多个正圆形

（3）选择矩形工具 ，打开"矩形工具"对话框，设置高度、宽度绘制时钟表盘，如图 2-11 所示。选择新绘制的小矩形，选择旋转工具 ，将旋转中心点调至表盘中心点位置，将鼠标放在小矩形旁边，按住 Alt 键旋转并复制小矩形，用同样的方法绘制其他矩形，完成表盘的部分绘制，如图 2-12 至图 2-14 所示。

图 2-11　设置矩形数值

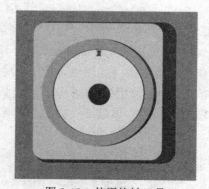

图 2-12　使用旋转工具

（4）选择直线工具 ，描边为 4pt，颜色为褐色，绘制时钟的分针和时针，如图 2-15 所示。

（5）选择多边形工具 ，打开"多边形"对话框并设置相应数值，复制其他三个多边形，完成表盘装饰的绘制，如图 2-16 所示。

图 2-13 旋转并复制

图 2-14 旋转复制多个矩形

图 2-15 绘制时针与分针

图 2-16 设置多边形数值

（6）选择星形工具 ，打开"星形"对话框并设置相应数值，调整星形大小，放到相应位置，完成时钟图标的发光效果，如图 2-17 所示。

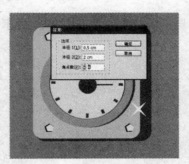

图 2-17 设置"星形"对话框

（7）选择弧线工具 ，单击鼠标的同时按住 Alt 键可放大弧线尺寸，按住上下左右键可调整弧线的弧度。绘制弧形装饰带儿，设置描边为红色，复制相同的弧线，设置浮雕效果，完成整个时钟图标的绘制，如图 2-18 和图 2-19 所示。

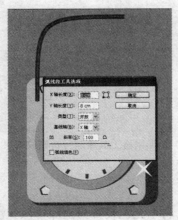

图 2-18 "弧线段工具选项"对话框

图 2-19 时钟图标完成图

2.2.2 案例：个性日历

知识点提示： 本节案例设计中主要介绍矩形网格工具、画笔描边工具、圆形工具、对齐面板的使用方法。

1. 案例效果

运用基本绘图工具可以很快绘制出一个带有表格的图形，如图 2-20 所示是利用矩形网格工具、画笔描边、文字工具等完成的矢量图形——个性日历。

图 2-20 个性日历

2. 案例制作流程

使用基本绘图工具绘制此个性日历的基本流程如图 2-21 所示。

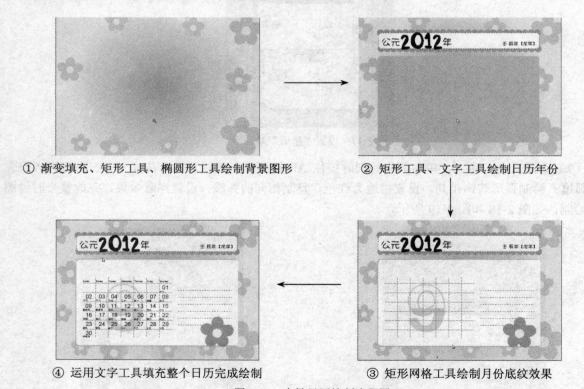

① 渐变填充、矩形工具、椭圆形工具绘制背景图形　② 矩形工具、文字工具绘制日历年份

④ 运用文字工具填充整个日历完成绘制　③ 矩形网格工具绘制月份底纹效果

图 2-21 个性日历绘制流程图

3. 案例操作步骤

（1）选择矩形工具▢创建一个与文档大小相同的矩形，将填充色设置为由深粉色到浅粉色的渐变，描边为无，如图 2-22 和图 2-23 所示。

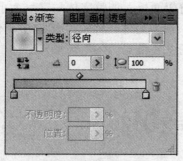

图 2-22　渐变填充设置　　　　　　　　　　图 2-23　绘制渐变矩形，无描边

（2）选择椭圆形工具 ，按住 Shift 键绘制正圆，设置填充色为粉色，复制多个正圆完成花瓣的设计（如图 2-24 所示），再复制一个正圆放在花瓣中间，设置填充色为浅黄色，如图 2-25 所示。

图 2-24　绘制花瓣图形　　　　　　　　　　图 2-25　绘制花瓣图形

（3）按 Ctrl+G 组合键将花瓣编组，同时复制多个小花，调整大小和位置，如图 2-26 所示。绘制圆形并复制多个，运用"对齐"面板将所有圆形排列成两排，如图 2-27 和图 2-28 所示。选择椭圆形工具创建一个椭圆形，设置填充色为白色，描边为虚线，如图 2-29 所示。

图 2-26　绘制花瓣底纹效果　　　　　　　　图 2-27　对齐面板

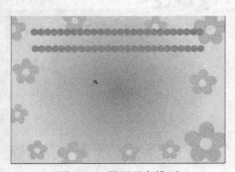

图 2-28　圆形对齐排列　　　　　　　　　　图 2-29　圆角矩形、虚线描边

（4）选择文字工具 **T.**，在文档中输入文字，打开"字符"面板，调整字体与字号大小（特殊字体需要安装相应的字体库），如图 2-30 所示。将数字"2012"设为另外一种较为夸张的字体，使得与其他文字形成鲜明对比，如图 2-31 所示。输入日历中的月份文字信息，"9"为特殊字体，需要下载后安装，如图 2-32 和图 2-33 所示。

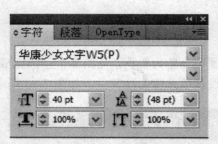

图 2-30　"字符"面板

图 2-31　调整文字的字体和字号

图 2-32　调整文字的字体和字号

图 2-33　调整文字的字体和字号

（5）选择矩形网格工具 ⃞，在工作区中单击即会弹出"矩形网格工具选项"对话框（如图 2-34 所示），选择创建的矩形网格，取消编组，将四边框直线删除，创建日期的分割网格。再选择网格工具 ⃞ 创建留言板，描边为虚线，如图 2-35 所示。

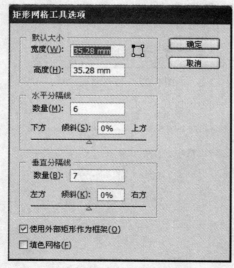

图 2-34　"矩形网格工具选项"对话框

图 2-35　绘制日历分割网格

（6）选择"文字工具" T.，将 9 月份的日期分别添加在创建的日期分割网格中，运用"对齐"面板将文字对齐，完成整个日历的绘制，如图 2-36 和图 2-37 所示。

图 2-36　添加阳历日期

图 2-37　添加农历日期

2.2.3　案例：春天的阳光

知识点提示： 本节案例设计中主要介绍光晕工具、螺旋线工具、极坐标网格工具的使用方法。

1. 案例效果

极坐标网格工具、螺旋线工具、光晕工具的运用在矢量图设计中可以增加一些特殊效果。如图 2-38 所示是利用这几个工具绘制的矢量图形——春天的阳光。

图 2-38　春天的阳光

2. 案例制作流程

使用极坐标网格工具、螺旋线工具、光晕工具绘制此图形的基本流程如图 2-39 所示。

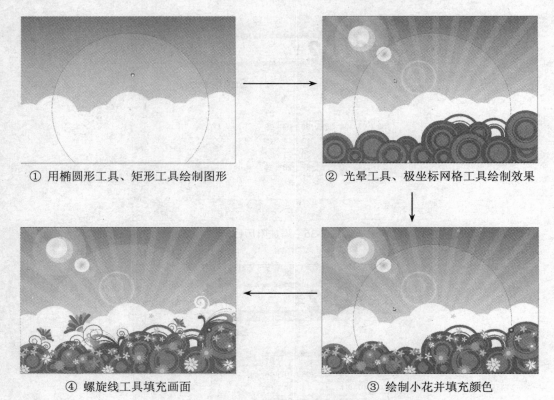

① 用椭圆形工具、矩形工具绘制图形   ② 光晕工具、极坐标网格工具绘制效果

④ 螺旋线工具填充画面   ③ 绘制小花并填充颜色

图 2-39 春天的阳光绘制流程图

3. 案例操作步骤

（1）执行"文件"→"新建"命令，新建一个矢量图文档，名称为"春天的阳光"，如图 2-40 所示。选择矩形工具 ▣，设置填充色为由浅蓝色到深蓝色的渐变，调整渐变数值，如图 2-41 和图 2-42 所示。

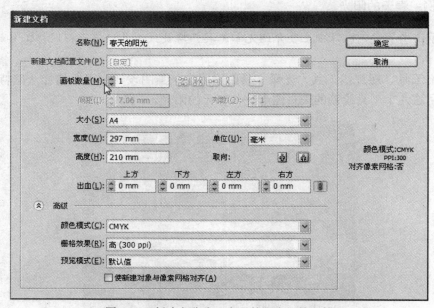

图 2-40 创建名称为"春天的阳光"的文档

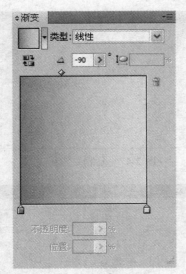

图 2-41 渐变填充数值

图 2-42 创建矩形图形

（2）选择椭圆形工具 创建圆形，填充色为白色，调整透明度数值使得圆形呈现半透明效果，如图 2-43 和图 2-44 所示。创建多个圆形，填充色为白色，调整位置和大小并编组，绘制远处云朵的效果，如图 2-45 所示。

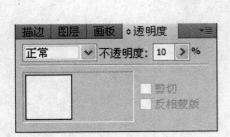

图 2-43 不透明度数值设置

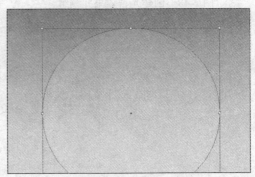

图 2-44 创建正圆形，填充色为白色

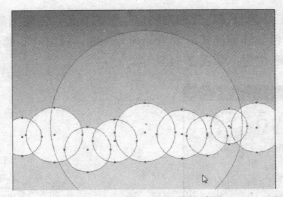

图 2-45 创建远处云朵的效果

（3）选择矩形工具 创建一个长条矩形，使用直接选择工具 调整点的位置将矩形调整成梯形。选择旋转工具 将梯形的旋转中心点 调整到梯形的正下方，如图 2-46 所示。鼠标放在梯形右上方并拖拽，旋转并复制出第二个矩形，如图 2-47 所示，运用快捷键 Ctrl+D 重复操作，复制出其他矩形并编组，创建太阳光芒效果，如图 2-48 所示。选择光晕工具 ，创建光晕效果如图 2-49 和图 2-50 所示。

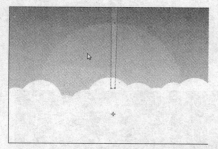

图 2-46 创建梯形，调整旋转的中心点位置

图 2-47 复制并旋转

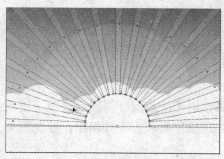

图 2-48 创建光芒效果并编组

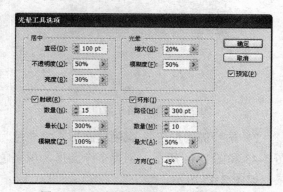

图 2-49 "光晕工具选项"对话框设置

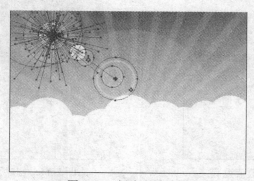

图 2-50 创建光晕效果

（4）选择极坐标网格工具 设置极坐标网格选项中的数值，创建图形如图 2-51 和图 2-52 所示。取消编组，调整图形描边颜色与画笔样式，取消径向分割线，保留同心圆分割线，如图 2-53 所示。复制多个同心圆，调整大小和位置，如图 2-54 所示。

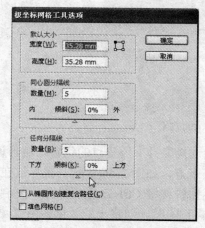

图 2-51 设置"极坐标网格工具选项"对话框

图 2-52 创建极坐标图形

图 2-53　调整极坐标图形

图 2-54　复制多个同心圆图形并编组

（5）选择直线工具＼调整直线两个端点的弧度，将交叉的两点连接创建花瓣形状，如图 2-55 和图 2-56 所示。

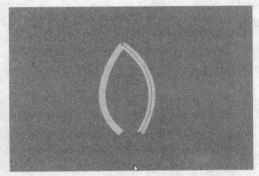

图 2-55　运用直线工具绘制花瓣形状

图 2-56　创建整个花瓣形状

（6）运用相同的方法绘制其他形状的花瓣，复制多个花瓣，调整位置、大小和颜色，如图 2-57 所示。选择螺旋线工具 ◎创建螺旋形图形，丰富天空中的云朵和植物的效果，完成整个案例的绘制，如图 2-58 所示。

图 2-57　创建多个花瓣形状

图 2-58　填充画面效果，完成案例绘制

2.2.4　案例：缤纷蝴蝶

知识点提示：本节案例设计中主要介绍画笔描边、图案填充、旋转工具、镜像工具等的使用方法。

1. 案例效果

使用特殊画笔给绘制好的图形设置描边可以增加图形的手绘效果，通过图案填充的方法也可以快速地给封闭地路径添加花纹，运用旋转工具、镜像工具还可以实现对称图形的绘制，如图 2-59 所示是综合利用这些工具制作的矢量图形——缤纷蝴蝶。

图 2-59　缤纷蝴蝶

2. 案例制作流程

使用画笔描边、图案填充、旋转工具、镜像工具等绘制此图形的基本流程如图 2-60 所示。

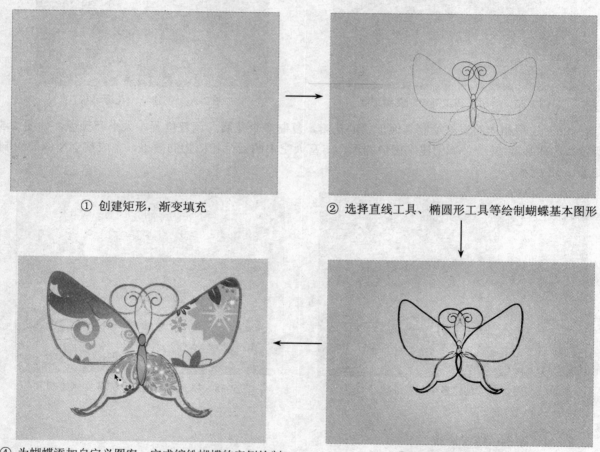

①　创建矩形，渐变填充　　　　　②　选择直线工具、椭圆形工具等绘制蝴蝶基本图形

④　为蝴蝶添加自定义图案，完成缤纷蝴蝶的案例绘制　　　　③　为蝴蝶添加个性描边

图 2-60　缤纷蝴蝶绘制流程图

3. 案例操作步骤

（1）执行"文件"→"新建"命令，新建一个矢量图文档，名称为"缤纷蝴蝶"，如图 2-61 所示。选择椭圆形工具 ，在文档中创建一个椭圆形，运用直接选择工具 调整椭圆的点，绘制蝴蝶的翅膀，如图 2-62 所示。

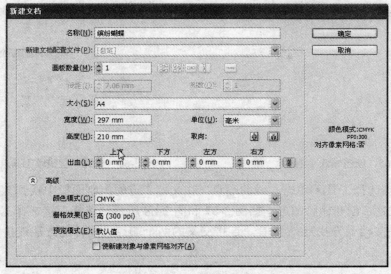

图 2-61　创建新文档

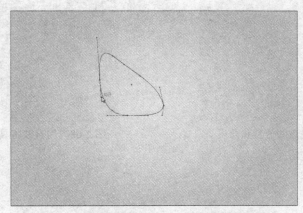

图 2-62　调整椭圆形的点，绘制蝴蝶的翅膀

（2）用选择工具 ▶ 单击蝴蝶翅膀，选择镜像工具 在蝴蝶翅膀右侧点击，将蝴蝶翅膀的镜像中心点 ✛ 调整到相应的位置，如图 2-63 所示。鼠标放在翅膀右上方，按住 Alt 键并拖拽鼠标，复制并镜像图形，创建出另一侧的翅膀，如图 2-64 所示。

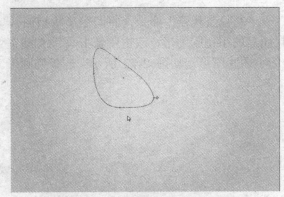

图 2-63　调整蝴蝶翅膀的镜像中心点位置

图 2-64　镜像创建另一侧翅膀

（3）选择椭圆形工具 创建一个椭圆形，运用直接选择工具调整图形，绘制出蝴蝶的一个小翅膀，如图 2-65 所示。选择直线工具 在文档任意位置单击，设置"直线段工具选项"对话框，如图 2-66 所示。

图 2-65　创建蝴蝶小翅膀

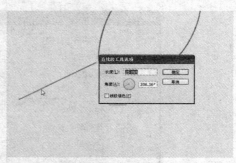

图 2-66　设置"直线段工具选项"对话框

（4）选择直接选择工具 ，单击直线的端点，在文档上方的控制面板中找到 工具，将所选点转化为平滑，调整位置，创建翅膀图形，如图 2-67 和图 2-68 所示。选择直接选择工具框选小翅膀中交叉的两个端点，在文档上方找到 工具，连接交叉的两个端点。同样的方法连接其他交叉端点，如图 2-69 所示。

图 2-67　调整直线点的位置和角度

图 2-68　用直线工具创建蝴蝶翅膀图形

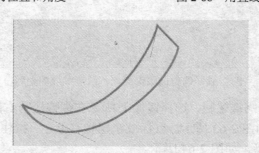

图 2-69　连接交叉的两个端点将图形封闭

（5）框选蝴蝶下方的两个小翅膀，执行"窗口"→"路径查找器"命令，将两个形状相加 ，完成小翅膀的绘制，如图 2-70 和图 2-71 所示。选择封闭后的小翅膀图形，双击镜像工具 调整镜像工具选项，点选"复制"选项，复制并镜像出另一半的小翅膀图形，如图 2-72 所示。选择椭圆形工具 创建蝴蝶的头部和身体，如图 2-73 所示。

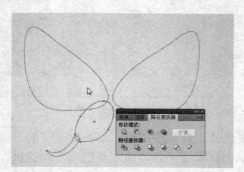

图 2-70　同时选择两个图形，打开"路径查找器"面板

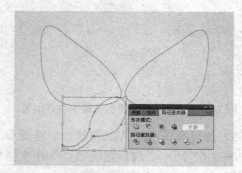

图 2-71　运用形状相加命令将两个图形合为一体

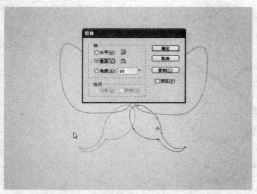

图 2-72　执行复制并镜像命令创建蝴蝶小翅膀

图 2-73　创建蝴蝶头部和身体的图形

（6）选择弧线工具　创建一段弧线，选择螺旋线工具　创建一段螺旋线段，调整旋转的密度。调整直线与螺旋线段，将两条线段合成一个图形绘制蝴蝶的触角，复制并镜像出另一侧的触角，完成蝴蝶外形的绘制，如图 2-74 至图 2-76 所示。

图 2-74　创建弧线和螺旋线

图 2-75　连接弧线和螺旋线绘制蝴蝶触角

图 2-76　复制镜像出另一个触角

（7）执行"窗口"→"描边"命令打开"描边"面板，选择蝴蝶大翅膀，设置描边为 0.25pt，如图 2-77 所示。执行"窗口"→"画笔"命令打开"画笔"面板，打开画笔库，选择"手绘画笔矢量包 01"将蝴蝶绘制个性画笔描边，如图 2-78 所示。

（8）综合运用绘图工具绘制花纹，填充颜色，如图 2-79 所示。执行"窗口"→"色板"命令，将绘制好的图案花纹直接拖拽到色板中完成自定义图案色板的设置，单击蝴蝶翅膀图形，再单击色板中刚刚设置的自定义图案色板，给蝴蝶填充五彩缤纷的图案，更改描边颜色，完成"缤纷蝴蝶"图形的绘制，如图 2-80 所示。

图 2-77　设置描边数值

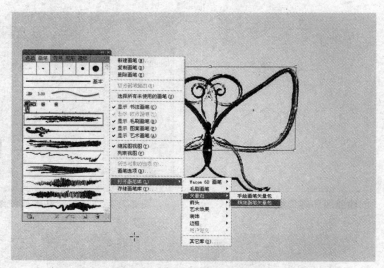

图 2-78　选择个性化画笔选项

图 2-79　绘制花纹图案效果

图 2-80　为蝴蝶填充自定义图案，完成图形绘制

2.2.5　案例：美丽风光

知识点提示：本节案例设计中将综合使用多个基本绘图工具，并介绍画板、描边、画笔等面板的使用方法。

1. 案例效果

为了可以更熟练地掌握绘图工具的使用方法，下面再来绘制一个"美丽风光"矢量图形，如图 2-81 所示。

图 2-81　美丽风光

2. 案例制作流程

使用基本绘图工具、渐变填充等绘制此图形的基本流程如图 2-82 所示。

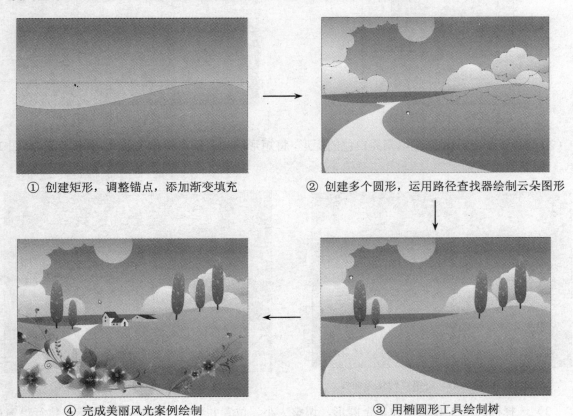

① 创建矩形，调整锚点，添加渐变填充　　　　② 创建多个圆形，运用路径查找器绘制云朵图形

④ 完成美丽风光案例绘制　　　　　　　　　　③ 用椭圆形工具绘制树

图 2-82　美丽风光绘制流程图

3. 案例操作步骤

（1）选择矩形工具▢创建一个与文档一样大小的矩形，设置渐变填充数值，如图 2-83 所示。在文档下方创建矩形，调整矩形点的位置并将矩形上方两个锚点转换为曲线，绘制图形，设置渐变填充颜色，如图 2-84 和图 2-85 所示。同样的方法绘制远处山坡图形，如图 2-86 所示。

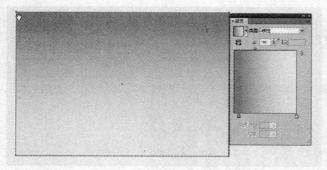

图 2-83　创建矩形，设置渐变填充颜色

图 2-84　将矩形锚点转换为曲线调整绘制图形

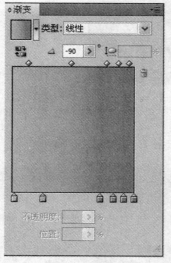

图 2-85　设置填充颜色

图 2-86　绘制远处山坡图形

（2）选择矩形工具▢创建填充为白色的矩形，将矩形的 4 个锚点转化为曲线，如图 2-87 和图 2-88 所示。

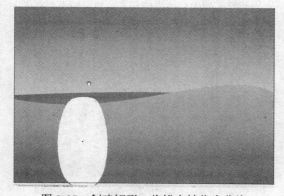

图 2-87　创建矩形，将锚点转化为曲线

图 2-88　调整点，绘制路的图形

（3）选择椭圆形工具◯创建多个圆形，调整大小、位置并编组，如图 2-89 所示。执行"窗口" →"路径查找器"命令，将多个圆形组合为一个图形，绘制白云图形，如图 2-90 所示。同样的方法绘制其他云朵的图形，如图 2-91 所示。

（4）选择椭圆形工具◯创建椭圆形，填充设置为绿色渐变，调整图形，绘制小树，如图 2-92 所示。复制多棵小树，调整大小及位置，如图 2-93 所示。

图 2-89　创建多个圆形，调整大小并编组

图 2-90　将多个圆形合为一个图形

图 2-91　绘制多层云朵图形

图 2-92　绘制小树图形

图 2-93　绘制多棵小树

（5）选择矩形工具 □ 创建矩形，选择倾斜工具 ▱ 在矩形图形附近任意位置拖拽鼠标将矩形倾斜绘制屋顶图形，如图 2-94 所示。运用矩形工具和倾斜工具绘制整个小房子图形，如图 2-95 所示。同样的方法运用矩形工具和倾斜工具绘制多个小房子图形，如图 2-96 所示。

（6）打开光盘\第 2 章图片\第 2 章案例 5\花边装饰图案.ai 文件，将文档中的花边图案复制并粘贴到"美丽风光"文档中，完成整个案例的绘制，如图 2-97 所示。

图 2-94　选择倾斜工具创建平行四边形的屋顶

图 2-95　绘制小房子图形

图 2-96　绘制多个远处小房子图形

图 2-97　添加花边装饰，完成案例绘制

2.3　本章小结

　　本章主要讲述了工具箱中基本绘图工具的基本操作，包括矩形工具、椭圆形工具、多边形工具、星形工具、光晕工具、线段工具、网格工具等，还介绍了旋转工具、渐变填充与描边、画笔、色板等的操作方法。通过 5 个案例的具体绘制，让读者对 Illustrator CS5 软件中基本绘图工具的操作方法有了一个较为深入的认识。

2.4　拓展练习

综合运用基本绘图工具、填充与描边工具、旋转与镜像工具等绘制一张漂亮的课程表，效果如图 2-98 所示。

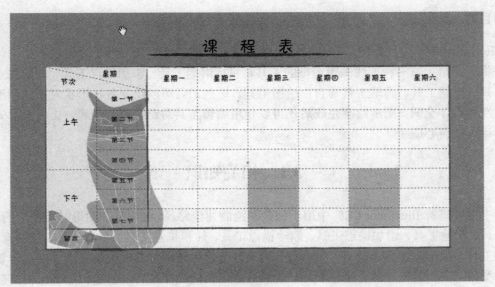

图 2-98　课程表

2.5　作业

一、选择题

1．绘制矩形路径时按住（　　）键可以绘制正方形。
　　A．Shift　　　　　　　　B．Alt　　　　　　　　C．Ctrl
2．使用椭圆形工具时按住（　　）键可以起始点为中心绘制正圆形。
　　A．Shift+Alt　　　　　　B．Alt　　　　　　　　C．Ctrl
3．如果要将两个独立的矢量图形结合在一起，需要执行（　　）命令。
　　A．混合　　　　　　　　B．路径查找器　　　　　C．实时描摹

二、简答题

如何给图形添加指定数值的渐变填充和个性描边效果？

第 3 章　曲线路径绘制与案例设计

学习目的

在 Illustrator CS5 中绘制图形作品时，只使用基本绘图工具绘制图形是远远达不到设计需要的。在本章中将介绍给大家多种曲线编辑造型的工具，包括钢笔工具、添加锚点工具、删除锚点工具、转换锚点工具、铅笔工具、画笔工具等自由绘图工具。这些工具可以绘制各种形状复杂的图形，具有很大的灵活性和设计空间。图形绘制完成后还可以使用编辑工具对路径进行编辑，让大家对矢量图形的绘制与设计更加得心应手。

3.1　相关知识

本节中主要讲解 Illustrator CS5 中用于创建和绘制曲线路径、绘制复杂图形时所使用的相关工具，如钢笔工具、铅笔工具、添加锚点工具、删除锚点工具、转换锚点工具、平滑工具、路径橡皮擦工具、斑点画笔工具、橡皮擦工具、剪刀工具、美工刀工具等自由绘图与曲线编辑工具，以及对复杂图形进行选择的魔棒工具、套索工具。通过学习和实践这些工具的操作技巧，创建和绘制比较复杂的矢量图形，为将来的平面设计与印刷排版设计打下坚实的基础。同时更进一步了解各种编辑路径的命令和路径查找器面板。在案例绘制过程中学习"图层"面板、"外观"面板、"图形样式"面板的具体操作。

3.1.1　认识曲线路径绘制工具

绘制不规则的矢量图形的方法就是对路径进行准确的控制与编辑。路径是构造对象的基本元素，本身没有跨度和颜色。要绘制更为精确的曲线路径，可以使用钢笔工具、铅笔工具及其相关工具。

钢笔工具 是用于绘制和编辑路径的。使用钢笔工具可以绘制各种各样的路径，如直线、平滑曲线等，特别是比较复杂的图形都是运用钢笔工具绘制完成的。添加锚点工具、删除锚点工具、转换锚点工具是钢笔工具的隐藏工具，综合使用以上工具可以帮助设计师绘制出复杂的矢量图形。

铅笔工具 是一种简单、方便的绘图工具，并且有很强的灵活性。使用它时，先勾勒出图形的大致轮廓，再进行修改，以创建各种复杂图形。

平滑工具 是一种对路径进行编辑和修饰的工具，通过添加或删除路径上的锚点来平滑路径。

路径橡皮擦工具 只可以擦除图形的路径。该工具只可以擦除被选择的一个图形，并且必须沿路径拖动鼠标才可以擦除路径。

橡皮擦工具 是擦除路径及图形的工具，剪刀工具 、美工刀工具 都是用来切割路径的工具，不同的是剪刀工具拆分的图形为开放路径，美工刀工具拆分的路径为闭合路径。

以上各种工具及其作用如表 3-1 所示。

表 3-1　各种工具及其作用

工具	作用
魔棒工具	用于选择具有相似属性的对象
套索工具	通过拖动鼠标并画图的方法可以将圈中的锚点或路径段选中
钢笔工具	用于绘制较为自由且复杂的路径，按下 P 键可切换至钢笔工具

工具	作用
添加锚点工具	位于钢笔工具的隐藏工具列表中，用于为路径添加锚点，以便调整路径状态。在路径上单击即可添加新的锚点
删除锚点工具	位于钢笔工具的隐藏工具列表中，用于删除路径中不需要的锚点，以便调整路径状态。在路径上的锚点处单击即可删除指定的锚点
转换锚点工具	用于将平滑点和角点进行相互转换。通过锚点位置和控制手柄可使绘制的路径更加平滑、自然
铅笔工具	用于绘制自由路径图形，可直接按住鼠标左键并在文档中拖动来绘制路径。双击铅笔工具可打开"铅笔工具选项"对话框
平滑工具	通过添加或删除路径上的锚点来平滑路径
路径橡皮擦工具	在绘制好的路径处拖动鼠标可以擦除路径或填充的图形
画笔工具	用于绘制自由路径图形，可直接按住鼠标左键并在文档中拖动来绘制路径。双击画笔工具可打开"画笔工具选项"对话框
橡皮擦工具	用于擦除所选对象的路径或填充的内容
剪刀工具	用于剪切路径。通过在单击处添加两个不连续、不重叠的锚点来分割路径，锚点位于两端剩余路径的末端
美工刀工具	用于剪切路径和对象。可以剪切单个或多个路径，当没有选择对象时，将剪切鼠标拖动下的所有对象；当选择对象时，只剪切选择的对象

3.1.2　"图层"面板、"外观"面板和"图形样式"面板的基础知识

"图层"面板是管理图像文件中各个图形的有效管理工具。图层的基本结构为各个独立的图层，每个图层下允许有独立的子图层或编组的图层存在。在图层中可以包含多个对象、对图层进行单独的编辑、更改图层中对象的堆叠顺序、在一个父图层下创建子图层、在不同的图层之间移动对象、更改图层的排列顺序等。

"外观"面板中的外观属性可以应用于对象或图层，外观属性包括填色、描边、透明度和效果。

"图形样式"面板：在软件中包括了多种不同类型的预设图形样式。"图形样式库"提供了多种类型的样式，可轻松为图形创建各种风格的图形样式。其中包括 3D 效果、按钮和翻转效果、文字效果、涂抹效果、照亮样式、纹理、艺术效果、霓虹效果等。

3.2　案例设计

3.2.1　案例：花纹彩蛋

知识点提示：本节案例设计中主要介绍钢笔工具、画笔工具、斑点画笔工具的使用方法与相关知识。

1．案例效果

使用工具箱中的曲线编辑造型工具可以绘制各种形状复杂、造型丰富的曲线图形，在创建图形上具有很大的灵活性和设计空间，如图 3-1 所示是利用钢笔工具、画笔工具、斑点画笔工具等制作的矢量图形——花纹彩蛋。

2．案例制作流程

使用钢笔工具、画笔工具、斑点画笔工具等曲线编辑工具绘制矢量图形——花纹彩蛋的基本流程如图 3-2 所示。

图 3-1　花纹彩蛋

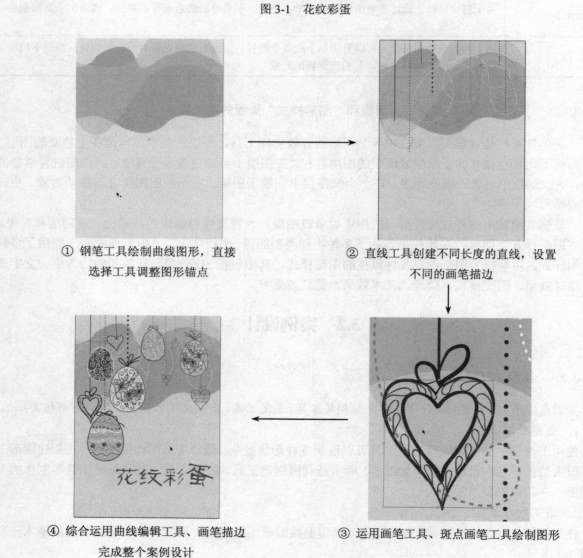

① 钢笔工具绘制曲线图形，直接　　　　② 直线工具创建不同长度的直线，设置
　　选择工具调整图形锚点　　　　　　　　　不同的画笔描边

④ 综合运用曲线编辑工具、画笔描边　　③ 运用画笔工具、斑点画笔工具绘制图形
　　完成整个案例设计

图 3-2　花纹彩蛋绘制流程图

3．案例操作步骤

（1）执行"文件"→"新建"命令创建一个名称为"花纹彩蛋"的矢量图文档，如图 3-3 所示；选择矩形工具■创建文档大小的矩形，如图 3-4 所示；选择钢笔工具　创建曲线路径，鼠标单击可创建直线路径，单击后拖拽鼠标可创建曲线路径，如图 3-5 和图 3-6 所示。同样的方法选择钢笔工具　创建多个曲线路径，填充颜色如图 3-7 所示。

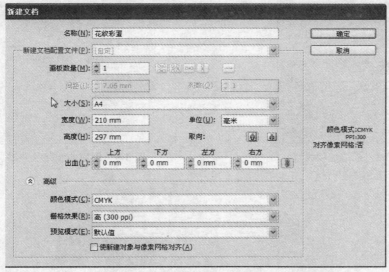

图 3-3　"新建文档"对话框

图 3-4　创建矩形

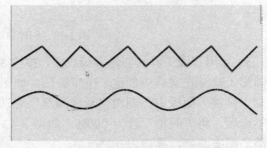

图 3-5　钢笔工具创建直线路径和曲线路径

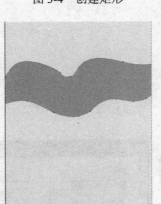

图 3-6　钢笔工具创建曲线路径

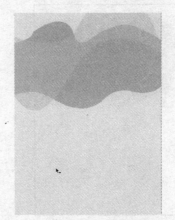

图 3-7　钢笔工具创建多个曲线路径并填充不同的颜色

（2）运用钢笔工具 创建曲线路径，打开"描边"面板，将曲线路径设置为虚线，如图 3-8 和图 3-9 所示。同样的方法创建另一条曲线路径，设置虚线描边，如图 3-10 所示。

图 3-8　描边选项设置

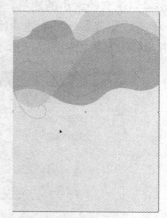

图 3-9　创建曲线路径并添加虚线描边

图 3-10　创建曲线路径并添加虚线描边

（3）运用直线工具 创建直线线段，按住 Shift 键可以创建水平或垂直线段，如图 3-11 所示。选择椭圆形工具 在文档中创建一个正圆形，如图 3-12 所示。选择圆形，打开"画笔"面板，将圆形拖拽到"画笔"面板中，调出"新建画笔"对话框，点选"图案画笔"，单击"确定"按钮，设置图案画笔选项，将"间距"设为 200%，如图 3-13 和图 3-14 所示，创建圆形图案画笔，为创建的直线线段添加图案画笔，描边为 0.25pt。

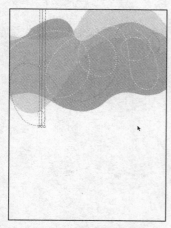

图 3-11　创建直线线段

图 3-12　创建圆形

图 3-13　创建圆形图案画笔

图 3-14　修改图案画笔选项数值

（4）选择直线工具创建多条直线，调整位置和长短，为每条直线添加不同的描边，如图 3-15 所示。选择画笔工具 ✏ 创建曲线图形，设置描边选项，如图 3-16 所示。选择斑点画笔工具 ✏，双击打开"斑点画笔工具"对话框，设置选项，创建一个心形，如图 3-17 和图 3-18 所示。同样的方法创建心形，选择直接选择工具调整图形，如图 3-19 所示。斑点画笔工具绘制的线是有外轮廓路径的，其实也就是由面组成的一条"线"。选择画笔工具 ✏，双击打开"画笔工具"对话框，设置选项，如图 3-20 所示，创建多个曲线图形，如图 3-21 所示。

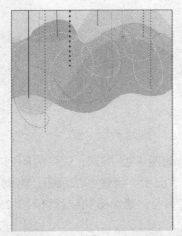

图 3-15　创建多条直线并添加不同的描边

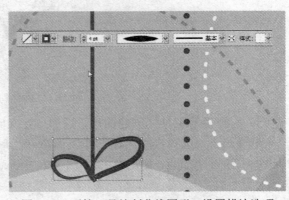

图 3-16　画笔工具绘制曲线图形，设置描边选项

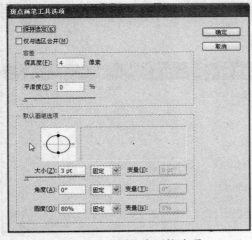

图 3-17　设置斑点画笔选项

图 3-18　选择斑点画笔创建图形

图 3-19 选择斑点画笔创建图形

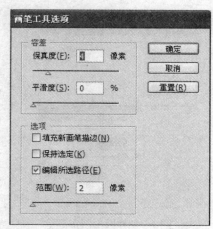

图 3-20 设置画笔工具选项数值

图 3-21 选择画笔工具创建图形

（5）选择钢笔工具 创建图形，添加自定义圆点图案描边，如图 3-22 所示。选择椭圆形工具 创建一个椭圆形，选择直线选择工具 调整椭圆形，打开"画笔"面板，新建书法画笔，为创建的椭圆形添加书法画笔描边，如图 3-23 和图 3-24 所示。选择"钢笔工具"创建彩蛋花纹，如图 3-25 所示。

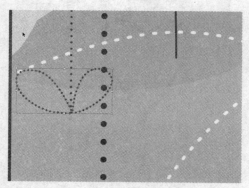

图 3-22 钢笔工具创建图形，设置圆点形状描边

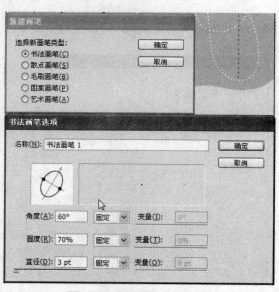

图 3-23 新建书法画笔选项

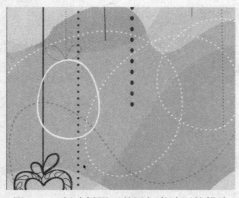

图 3-24　创建椭圆形并添加书法画笔描边　　　　　图 3-25　绘制彩蛋花纹图形

（6）综合运用钢笔工具、画笔工具、铅笔工具、斑点画笔工具创建其他彩蛋的图形和花纹并添加文字，如图 3-26 所示，完成整个案例的设计。

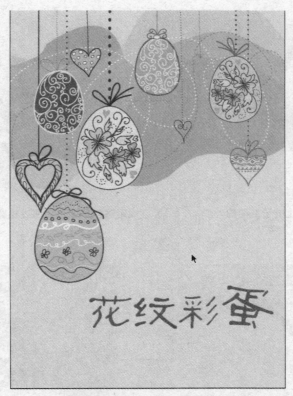

图 3-26　完成花纹彩蛋的设计

3.2.2　案例：电子吉他

知识点提示：本节案例设计中主要介绍铅笔工具、平滑工具、路径橡皮擦工具、剪刀工具、美工刀工具等的使用方法与相关知识。

1．案例效果

在本节案例绘制过程中，将重点介绍铅笔工具、平滑工具、路径橡皮擦工具、剪刀工具、美工刀工具、钢笔工具和转换锚点工具的使用技巧。如图 3-27 所示是案例——电子吉他的绘制效果。

2．案例制作流程

使用铅笔工具、平滑工具、路径橡皮擦工具、剪刀工具、美工刀工具、钢笔工具和转换锚点工具等绘制电子吉他图形的基本流程如图 3-28 所示。

图 3-27　电子吉他效果

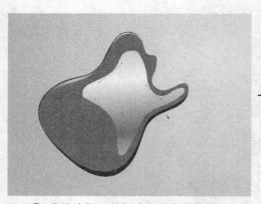

① 曲线路径工具创建电子吉他的外形

② 直线工具创建图形，通过轮廓化描边命令将直线转换为图形

④ 使用橡皮擦工具擦除部分图形，调整各个图形
　的前后排序，完成电子吉他图形绘制

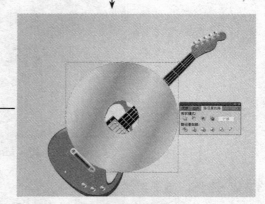

③ 创建同心圆，通过路径查找器命令绘制环形

图 3-28　电子吉他绘制流程图

3. 案例操作步骤

（1）执行"文件"→"新建"命令创建一个矢量图文档，如图 3-29 所示。选择铅笔工具 随意创建一个曲线路径，将曲线路径封闭，如图 3-30 所示。选择平滑工具 ，在创建的曲线路径上拖拽鼠标调整路径的平滑度，如图 3-31 所示。选择直接选择工具 调整图形，如图 3-32 所示。按住 Alt键可以单独调整锚点上的两条方向线。

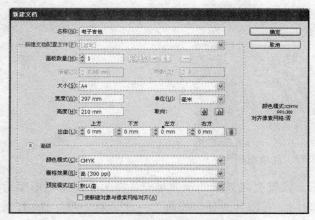

图 3-29　"新建文档"对话框

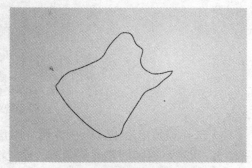

图 3-30　铅笔工具绘制曲线路径并将路径封闭

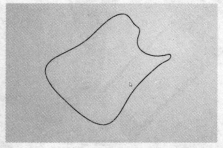

图 3-31　平滑工具平滑创建的曲线路径

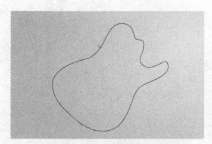

图 3-32　直接选择工具调整图形

（2）选择钢笔工具 创建图形，设置渐变填充，如图 3-33 所示。创建图形，设置深色填充，如图 3-34 所示，创建吉他的立体效果。选择钢笔工具绘制封闭路径，如图 3-35 所示。选择渐变工具 ，调整渐变颜色，如图 3-36 所示。复制并粘贴渐变填充路径，选择吸管工具 ，单击深色图形路径，将渐变图形添加与深色图形同样的颜色，如图 3-37 所示。吸管工具可以快速为图形添加文档中可选择图形的颜色。

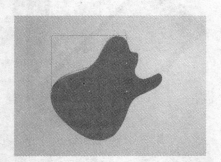

图 3-33　钢笔工具创建图形并设置渐变填充

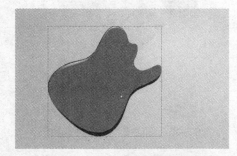

图 3-34　创建图形并设置深颜色填充来绘制立体效果

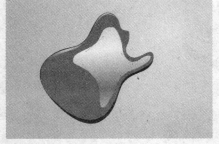

图 3-35　钢笔工具创建图形并设置渐变填充

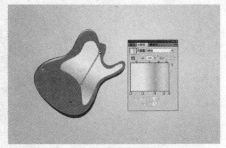

图 3-36　渐变工具调整渐变颜色

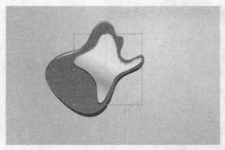

图 3-37　用吸管工具填充颜色

（3）选择圆角矩形工具 创建两个圆角矩形，设置金属效果的渐变填充，将两个圆角矩形编组，如图 3-38 所示。继续创建圆角矩形，设置填充颜色。右击并选择"排列"→"后移一层"选项，如图 3-39 所示。

图 3-38　创建圆角矩形并设置金属渐变颜色

图 3-39　创建圆角矩形并后移一层

（4）选择椭圆形工具 创建多个圆形，设置渐变填充后编组，如图 3-40 所示。运用圆形工具、矩形工具绘制图形，如图 3-41 所示。复制并粘贴图形，如图 3-42 所示。

图 3-40　创建多个圆形并编组

图 3-41　创建图形

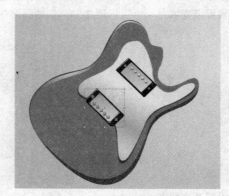

图 3-42　复制并粘贴图形

（5）选择圆角矩形工具 □ 创建图形，如图 3-43 至图 3-45 所示。

图 3-43　创建圆角矩形

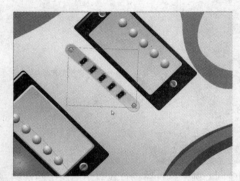

图 3-44　创建圆角矩形

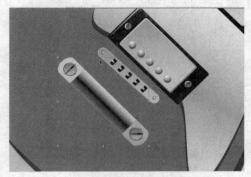

图 3-45　创建圆角矩形

（6）选择矩形工具 □ 创建矩形，调整图形。选择直线工具创建多条网格线段，选择所有直线图形，执行"对象"→"路径"→"轮廓化描边"命令将所有直线转换为图形，并将填充设置为金属效果的渐变，如图 3-46 和图 3-47 所示。

图 3-46　创建多条直线

图 3-47　将直线轮廓化描边

（7）选择钢笔工具 ◊ 创建图形，如图 3-48 所示。选择圆角矩形工具创建图形，如图 3-49 所示。创建圆形，设置渐变填充，如图 3-50 所示。创建一个较小的同心圆，选择两个同心圆，执行"窗口"→"路径查找器"→"形状相减"命令，如图 3-51 所示。选择橡皮擦工具 ◊，设置橡皮擦选项如图 3-52 所示，使用橡皮擦工具在同心圆上方擦除路径，删除擦除部分路径，如图 3-53 和图 3-54 所示。选择钢笔工具 ◊ 创建图形。右击调整各个图形的排列顺序，完成电子吉他图形的绘制，如图 3-55 和图 3-56 所示。

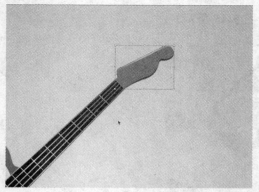

图 3-48 创建曲线路径

图 3-49 创建图形

图 3-50 创建圆形

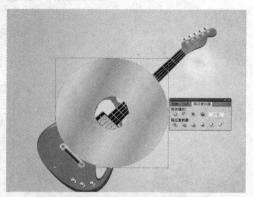

图 3-51 创建同心圆，执行路径查找器中的两个图形相减命令

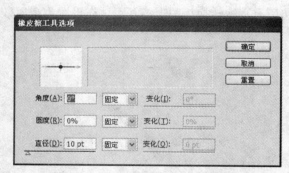

图 3-52 "橡皮擦工具选项"对话框

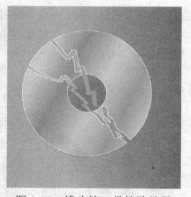

图 3-53 橡皮擦工具擦除效果

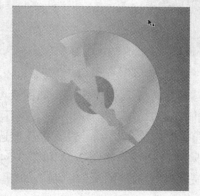

图 3-54 删除擦除部分

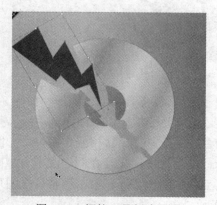

图 3-55 钢笔工具创建图形

图 3-56　完成电子吉他图形的绘制

3.2.3　案例：卡通人物设计

知识点提示：本节案例设计中主要是综合运用钢笔工具、添加锚点工具、删除锚点工具、魔棒工具、套索工具、编组选择工具等来绘制，以便大家更好地掌握这些工具的使用技巧。

1. 案例效果

我们知道钢笔工具可以创建比较复杂的矢量图形，但在设计中并不是一次就能把比较复杂的图形画得很完整，这就需要借助添加锚点工具、删除锚点工具。在选择和编辑图形、图层都比较复杂的矢量图时，单独用选择工具、直接选择工具不能达到很好的效果。在本节案例设计中随着绘图难度的增加，我们还要为大家介绍一下另外 3 个路径选择工具：魔棒工具、套索工具和编组选择工具的操作技巧。如图 3-57 所示是利用钢笔工具、添加锚点工具、删除锚点工具、转换锚点工具、魔棒工具、套索工具、编组选择工具等制作的矢量图形——卡通人物设计。

图 3-57　卡通人物设计

2. 案例制作流程

使用添加锚点工具、删除锚点工具、转换锚点工具、魔棒工具、套索工具、编组选择工具等进行卡通人物设计的基本流程如图 3-58 所示。

① 曲线编辑工具绘制头部图形并设置
填充颜色和描边

② 钢笔工具绘制卡通人物身体各部的图形，魔棒
工具和套索工具选择图形并设置填色

④ 星形工具绘制背景图案，完成卡通人物绘制

③ 曲线编辑工具绘制腿、鞋、包等图形

图 3-58　卡通人物设计流程图

3．案例操作步骤

（1）执行"文件"→"新建"命令创建一个名称为"卡通人物设计"的矢量图文档，如图 3-59 所示。选择钢笔工具，设置填充为无，绘制卡通人物的头发图形，如图 3-60 所示。使用钢笔工具 绘制头帘如图 3-61 所示；选择转换锚点工具 ，分别在头帘路径各点上拖拽鼠标将头帘路径各点转换为曲线，调整点和图形如图 3-62 所示。

（2）选择钢笔工具 创建封闭路径，如图 3-63 所示。选择转换锚点工具 ，调整点和图形如图 3-64 所示。创建多边形，将各点转换为曲线点，绘制眼镜图形，如图 3-65 和图 3-66 所示。

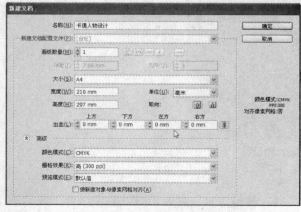

图 3-59　"新建文档"对话框

图 3-60　钢笔工具绘制头发

图 3-61　钢笔工具绘制头帘

图 3-62　转换锚点工具调整点和图形

图 3-63　钢笔工具创建图形

图 3-64　转换锚点工具调整点和图形

图 3-65　钢笔工具创建眼镜图形

图 3-66　转换锚点工具调整点和图形

（3）选择钢笔工具 ，创建封闭路径，绘制卡通人物的眼睛、眼镜、帽子、嘴等图形并将头部所有图形全选后编组，如图 3-67 所示。选择编组选择工具 ，编组选择工具是直接选择工具 的隐藏工具，可以单独选择已经编组的图形，为卡通人物添加头部各图形的描边和填充颜色，如图 3-68 所示。

图 3-67　绘制卡通人物头部图形

图 3-68　为头部图形添加颜色

（4）选择矩形工具 创建矩形，选择转换锚点工具 调整矩形，如图 3-69 所示。为绘制的围脖图形添加艺术画笔描边，如图 3-70 所示。选择钢笔工具 创建图形，如图 3-71 所示。选择添加锚点工具 ，在创建的路径上点击鼠标为路径添加锚点，调整路径的锚点绘制出围脖图形，如图 3-72 所示。选择删除锚点工具 ，在图形路径上多余的锚点处单击鼠标可以删除该点，调整路径的锚点继续绘制围脖图形，设置描边和填充颜色，如图 3-73 所示。选择钢笔工具 ，创建衣服、手臂等图形，如图 3-74 所示。

图 3-69 转换锚点工具调整矩形

图 3-70 添加艺术画笔描边

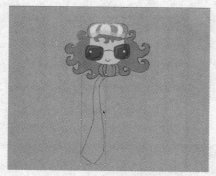

图 3-71 绘制围脖图形

图 3-72 添加锚点并调整图形

图 3-73 为围脖图形添加颜色

图 3-74 绘制衣服、手臂图形

（5）选择套索工具 ，在卡通人物的衣服处用鼠标圈套可以选择衣服图形的封闭路径，为卡通人物的衣服添加颜色，如图 3-75 所示。使用套索工具分别选择其他图形并添加颜色，如图 3-76 所示。

图 3-75 使用套索工具选择图形

图 3-76 添加颜色

（6）使用钢笔工具 ![pen] 绘制手拎包图形，设置填充颜色，如图 3-77 所示。选择两个图形并按 Ctrl+C 和 Ctrl+V 组合键复制粘贴，如图 3-78 所示。选择星形工具 ![star]，在画面任意位置单击鼠标打开"星形工具"对话框，创建一个六角星形，如图 3-79 所示。选择创建的六角星形，用鼠标拖拽到"色板"面板中创建一个新的图案色板，如图 3-80 所示。双击"色板"面板中的新建图案色板打开"色板选项"对话框，修改色板名称，完成图案色板的创建，如图 3-81 所示。选择复制出的图形，设置星形图案填充，如图 3-82 所示。同样的方法为另一个图形设置四角星形图案填充，如图 3-83 所示。

图 3-77　钢笔工具绘制拎包图形

图 3-78　复制并粘贴部分拎包图形

图 3-79　创建六角星形

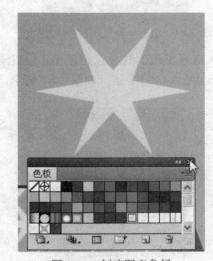

图 3-80　创建图案色板

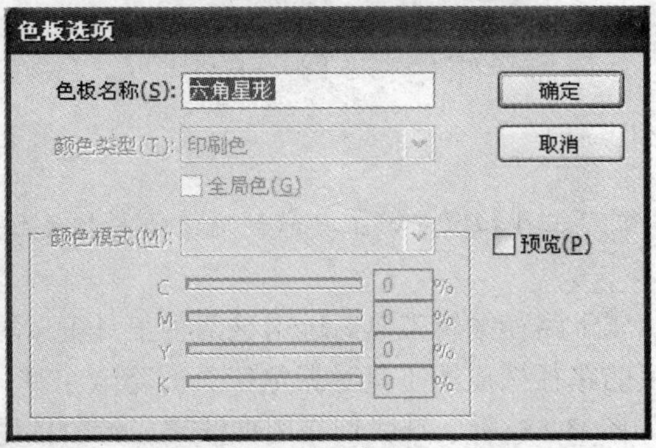

图 3-81　修改图案色板名称

图 3-82　为手拎包添加花纹效果

图 3-83　为手拎包添加花纹效果

（7）使用钢笔工具 绘制小肩包图形，分别设置填充颜色，描边画笔设置为"铅笔—粗"，如图 3-84 所示。使用钢笔工具绘制卡通人物的腿部和鞋子图形，如图 3-85 所示。

图 3-84　绘制小肩包图形并填充颜色

图 3-85　绘制腿部和鞋子图形

（8）选择星形工具 创建星形，调整图形绘制背景图案，如图 3-86 所示。调整各个图形的图层，完成整个卡通人物的绘制，如图 3-87 所示。

图 3-86　绘制背景图案

图 3-87　完成卡通人物设计

3.2.4　案例：时尚女孩

知识点提示：本节案例设计中主要介绍剪刀工具、美工刀工具和橡皮擦工具的使用方法与相关知识。

1．案例效果

剪刀工具、美工刀工具是橡皮擦工具的隐藏工具，属于路径编辑工具。运用这两种工具可以对已绘制的路径进行分割或剪切。另外本节案例中将要出现的路径橡皮擦工具是铅笔工具的隐藏工具，它与橡皮擦工具的功能既有相似的地方又有区别之处。如图 3-88 所示是我们在用曲线路径绘制的图形基础上使用剪刀工具、美工刀工具、橡皮擦工具剪切和分割部分路径后完成的矢量图形——时尚女孩。在绘制的过程中还会向大家介绍路径橡皮擦与橡皮擦的区别。

图 3-88　时尚女孩

2. 案例制作流程

使用钢笔工具、剪刀工具、美工刀工具、橡皮擦工具等曲线路径编辑工具绘制图形——时尚女孩的基本流程如图 3-89 所示。

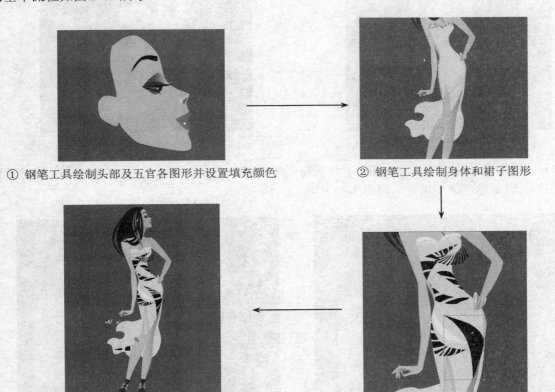

① 钢笔工具绘制头部及五官各图形并设置填充颜色　　　② 钢笔工具绘制身体和裙子图形

④ 完成时尚女孩案例绘制　　　③ 使用擦除路径工具、切割工具绘制裙子花纹图形

图 3-89　时尚女孩案例流程图

3. 案例操作步骤

（1）执行"文件"→"新建"命令创建一个名称为"时尚女孩"的矢量图文档，如图 3-90 所示。选择钢笔工具 ，创建图形，如图 3-91 所示。使用钢笔工具继续绘制脸部五官各图形并设置相应颜色，如图 3-92 所示。

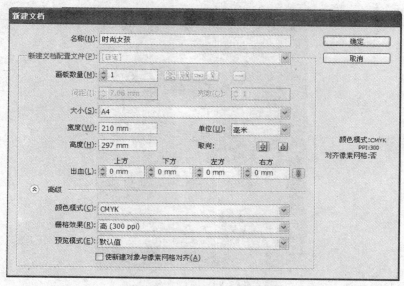

图 3-90 "新建文档"对话框

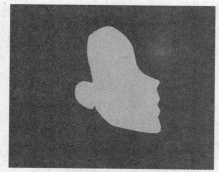

图 3-91 钢笔工具创建图形

图 3-92 钢笔工具创建脸部各图形

（2）选择钢笔工具 绘制脸颊图形，设置粉色渐变填充，如图 3-93 所示。在眼睛与眉毛之间绘制眼影图形，设置粉色渐变填充，如图 3-94 所示。

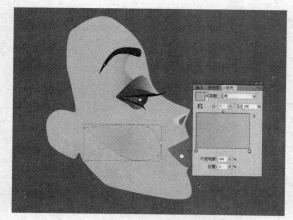

图 3-93 设置脸颊渐变颜色

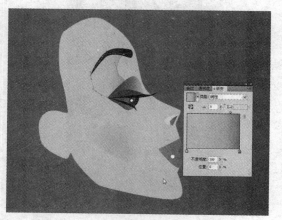

图 3-94 设置眼影渐变颜色

（3）选择钢笔工具 绘制颈部、肩膀、手臂等图形，设置填充颜色，如图 3-95 和图 3-96 所示。继续绘制腿、脚部图形，如图 3-97 和图 3-98 所示。

（4）选择钢笔工具 绘制女孩的鞋，如图 3-99 所示。继续绘制女孩的头发，填充不同的颜色，将头发分出层次感，如图 3-100 所示。

图 3-95　绘制颈部、肩膀、手臂等图形

图 3-96　绘制手部图形

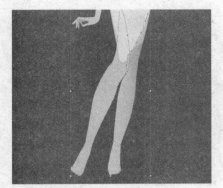

图 3-97　绘制腿部图形

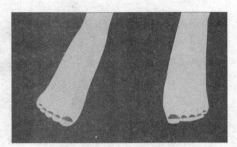

图 3-98　绘制脚部图形

图 3-99　绘制鞋图形

图 3-100　绘制女孩的头发设置颜色

（5）绘制女孩的裙子图形，如图 3-101 所示。继续绘制图形如图 3-102 所示。选择橡皮擦工具，双击橡皮擦工具，打开"橡皮擦工具选项"对话框，直径设置为 4pt，如图 3-103 所示。先选择黑色三角形，再用橡皮擦工具擦除，如图 3-104 所示。如果不选择任何图形，橡皮擦将擦除经过的下面所有非锁定的图形，如图 3-105 所示。

图 3-101　绘制女孩的裙子

图 3-102　绘制黑色图形

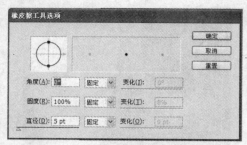

图 3-103 "橡皮擦工具选项"对话框

图 3-104 选择黑色三角形后用橡皮擦擦除

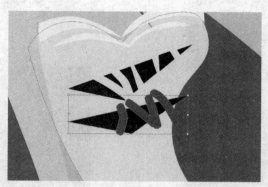

图 3-105 未选任何图形时用橡皮擦擦除

（6）同样的方法使用橡皮擦工具 创建裙子的花纹图形，如图 3-106 至图 3-108 所示。

图 3-106 创建图形

图 3-107 使用橡皮擦工具擦除图形

图 3-108 绘制其他花纹图形

（7）使用钢笔工具 创建图形，如图 3-109 所示；选择美工刀工具 ，沿图形左右拖动鼠标，将鼠标拖动范围内所有的图形剪切，如图 3-110 所示。用直接选择工具 调整剪切后断开的路径锚点，绘制裙子花纹图形，如图 3-111 所示。美工刀工具可以剪切路径和对象。当没有选择图形时，将剪切鼠标拖动下的所有图形；当选择图形时，只剪切选择的路径。

图 3-109 绘制图形

图 3-110 美工刀工具进行剪切

图 3-111 调成剪切后图形的锚点并绘制花纹

（8）选择钢笔工具 ，继续创建图形，如图 3-112 所示。选择剪刀工具 ，在图形路径上单击将封闭的路径剪切，继续使用剪刀工具再次在路径的另一侧单击将路径剪切为两个部分。使用选择工具移开剪切下的图形，如图 3-113 所示。使用直接选择工具 调整锚点的位置，并连接两个锚点将剪开的不封闭图形调整为封闭路径图形，如图 3-114 和图 3-115 所示。

图 3-112 创建图形

图 3-113 用剪切工具剪切路径

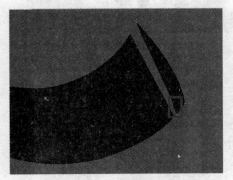

图 3-114 调整锚点，连接锚点将路径封闭

图 3-115 调整锚点绘制花纹图形

（9）选择钢笔工具 ，将鼠标放在被剪切开的开放路径端点处单击，再在另一端点处单击，将开放路径封闭，如图 3-116 所示。同样的方法，继续选择剪刀工具 剪开封闭路径，再次调整锚点，绘制花纹，如图 3-117 至图 3-119 所示。

图 3-116　用钢笔工具封闭路径

图 3-117　剪刀工具剪切图形

图 3-118　调整锚点绘制图形

图 3-119　绘制花纹图形

（10）选择钢笔工具 ◊ 绘制图形，如图 3-120 所示。选择铅笔工具的隐藏工具路径橡皮擦工具 ✐，将鼠标放在选择的路径上拖动，鼠标经过的路径会被擦除掉，如图 3-121 所示。使用钢笔工具将断开的路径连接，然后继续选择路径橡皮擦工具 ✐ 擦除图形，绘制花纹图形，如图 3-122 所示。同样的方法绘制其他花纹，如图 3-123 所示。路径橡皮擦工具只可以擦除被选择的一个图形，并且必须沿路径拖动鼠标才可以擦除路径。

图 3-120　绘制图形

图 3-121　使用路径橡皮擦工具擦除路径

图 3-122　使用钢笔工具连接路径的两个端点

图 3-123　绘制花纹图形

（11）调整各图形的图层，完成时尚女孩案例的绘制，如图 3-124 所示。

图 3-124　完成时尚女孩案例的绘制

3.2.5　案例：音乐节海报背景

知识点提示： 本节案例设计中主要介绍综合运用曲线编辑造型工具和多种选择工具的技巧，让大家对曲线路径绘制工具有更深入的了解。

1．案例效果

我们已经比较系统地介绍了工具箱中的曲线编辑造型工具和多种选择工具的使用方法与技巧，在本案例中就综合运用以上的知识来完成矢量图——音乐节海报背景的绘制，如图 3-125 所示。

图 3-125　音乐节海报背景

2．案例制作流程

综合使用曲线路径绘制与编辑工具绘制矢量图形——音乐节海报背景的基本流程如图 3-126 所示。

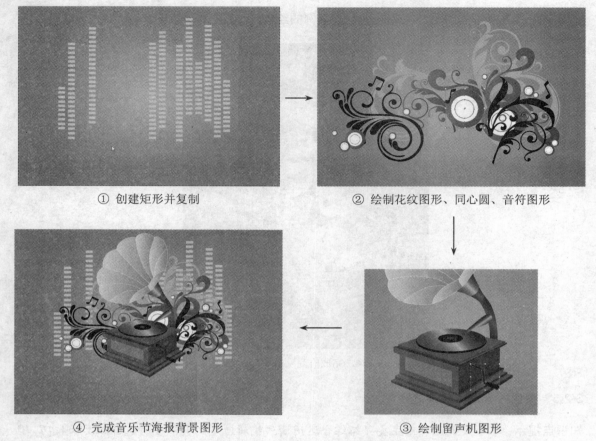

① 创建矩形并复制　　　　② 绘制花纹图形、同心圆、音符图形

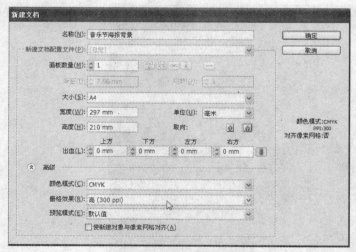

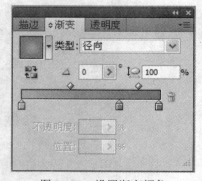

④ 完成音乐节海报背景图形　　　　③ 绘制留声机图形

图 3-126　音乐节海报背景设计流程图

3. 案例操作步骤

（1）执行"文件"→"新建"命令新建矢量图文档"音乐节海报背景"，如图 3-127 所示。选择矩形工具█创建文档大小的矩形，设置填充颜色为径向渐变，如图 3-128 所示。

图 3-127　"新建文档"对话框　　　　图 3-128　设置渐变颜色

（2）选择矩形工具█，在文档内单击创建小矩形，如图 3-129 所示。按住 Alt 键拖动鼠标复制小矩形，如图 3-130 所示。按 Ctrl+D 组合键重复复制多个矩形，如图 3-131 所示。按 Ctrl+G 组合键将所复制的矩形编组后再复制，调整各编组矩形的数量，如图 3-132 所示。

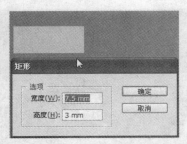

图 3-129　设置矩形数值

图 3-130　复制小矩形

图 3-131　复制多个小矩形

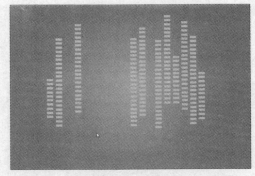

图 3-132　编组后复制并调整图形和位置

（3）选择钢笔工具 绘制花纹图形，如图 3-133 所示。继续使用钢笔工具 绘制花纹图形，如图 3-134 至图 3-136 所示。

图 3-133　绘制花纹图形

图 3-134　绘制花纹图形

图 3-135　绘制花纹图形

图 3-136　分别给花纹图形设置填充颜色

（4）选择椭圆形工具 创建同心圆，如图 3-137 所示。复制多个同心圆图形，并绘制音符图形，调整各个图形的前后排列顺序，如图 3-138 所示。

图 3-137　创建同心圆

图 3-138　复制多个同心圆，绘制音符图形

（5）使用钢笔工具 绘制图形，设置填充颜色，描边为白色，如图 3-139 所示。使用矩形工具 和倾斜工具 绘制图形，如图 3-140 所示。

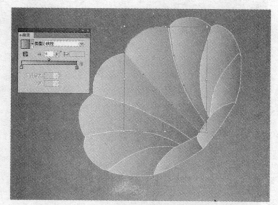

图 3-139　绘制图形

图 3-140　绘制图形

（6）使用钢笔工具 绘制其他图形，设置填充颜色，如图 3-141 所示。调整图形的排列顺序，完成整个案例的绘制，如图 3-142 所示。

图 3-141　绘制图形

图 3-142　完成整个案例设计

3.3　本章小结

本章主要讲述了工具箱中用于创建和绘制曲线路径的工具，如钢笔工具、铅笔工具、添加锚点工具、删除锚点工具、转换锚点工具、平滑工具、路径橡皮擦工具、斑点画笔工具、橡皮擦工具、剪刀工具、美工刀工具等自由绘图与曲线编辑工具，以及编辑复杂图形时使用的选择工具，如编组选择工

具、套索工具、魔棒工具，具体介绍了这些工具的操作技巧和在案例设计中的运用。通过 5 个案例的具体绘制，让读者对 Illustrator CS5 软件中用于绘制与编辑曲线路径的工具有了比较具体的掌握。

3.4　拓展练习

综合运用绘制与编辑曲线路径的工具设计一幅矢量图插画，效果如图 3-143 所示。

图 3-143　矢量图插画

3.5　作业

一、选择题

1．如果想将多个路径进行编组，可选择（　　）键。
　　A．Shift+W　　　　　　B．Alt+A　　　　　　C．Ctrl+G
2．路径橡皮擦工具在（　　）的隐藏工具中。
　　A．橡皮擦工具　　　　B．铅笔工具　　　　　C．钢笔工具
3．用于将平滑点和角点进行相互转换的是（　　）工具。
　　A．转换锚点　　　　　B．斑点画笔　　　　　C．添加锚点

二、简答题

如何将没有封闭的路径图形进行封闭？

第4章　编辑对象与案例设计

学习目的

使用矢量图软件绘制图形，除了运用基本绘图工具、曲线路径编辑工具进行图形的创建外，对对象进行控制、变形、扭曲等操作的编辑工具也很重要。在本章中，就将介绍 Illustrator CS5 软件中编辑对象工具的操作方法。对这些工具使用技巧的把握更能让设计师在矢量图绘制能力上有一个质的提高。同时透明网格工具、宽度工具、形状生成器工具等这些 Illustrator CS5 软件的新增功能也为大家提供了成为矢量图设计高手的更大发挥空间。

4.1　相关知识

本节主要讲解 Illustrator CS5 中用于对对象进行控制、变形、扭曲等操作的编辑工具，如旋转工具、镜像工具、比例缩放工具、自由变换工具、倾斜工具、整形工具、形状生成器工具、实时上色工具、改变形状工具、透明网格工具、宽度工具、变形工具、旋转扭曲工具及其隐藏工具等。通过学习和实践这些工具的操作技巧来创建和绘制比较复杂的矢量图形，在案例绘制过程中进一步体会透明网格工具、宽度工具、形状生成器工具等新增功能的编辑效果。

4.1.1　认识编辑对象工具

当设计师绘制的图形越来越复杂，包含的对象越来越多时，如何排列与组织这些对象和图形，使操作更加方便、快捷呢？这就需要更多地了解一些用于编辑路径和图形的工具。

（1）旋转工具 、镜像工具 是用来旋转、镜像图形的，旋转、镜像的方法有很多，可以双击旋转工具、镜像工具打开对话框，通过设置参数来完成旋转、镜像；也可以直接对图形进行自由旋转、自由镜像。

（2）比例缩放工具 、倾斜工具 、整形工具 同属于工具箱中的一组，可以改变图形的大小比例和倾斜程度。比例缩放工具是指在水平、垂直方向上，或是同时在这两个方向上扩大或缩小对象，是相对于缩放中心点而言的。

（3）自由变换工具 与比例缩放工具相似，只是此工具没有中心点的限制，变换图形更自由。

（4）形状生成器工具 、实时上色工具 、实时上色选择工具 是对图形进行填色与描边编辑的工具。形状生成器工具是新增工具，更强化了软件绘制图形是对于描边的功能。实时上色工具可以快速精准地为图形复杂、颜色丰富的图形添加颜色填充。

（5）透明网格工具 是新增工具，用于辅助查看对象的透视效果，也可以对所绘制的对象进行约束，以正确地建立透明网格。

4.1.2　认识扭曲对象工具

在变形工具 的工具组里有多种用来扭曲变换图形的隐藏工具。使用这些扭曲变形工具可以产生更加丰富多彩的变形效果。其每个隐藏工具的具体使用技巧在表 4-1 中逐一介绍。

表 4-1　各种编辑和扭曲对象工具及其作用

工具	作用
旋转工具	用于调整对象的旋转角度
镜像工具	用于镜像（垂直翻转、水平翻转、按角度翻转）对象
比例缩放工具	用于调整对象的缩放比例
自由变换工具	用于自由变化对象的大小
倾斜工具	用于调整对象的垂直或水平的倾斜角度
整形工具	用于对对象的锚点进行编辑，通过拖动对象任一锚点的方式调整对象的整体形态
形状生成器工具	用于在画板中通过合并或擦除简单形状来创建较为复杂的形状，只对简单复合路径有效
实时上色工具	用于对对象进行精确的颜色编辑
实时上色选择工具	用于在没有进行任何更改的情况下选择实时上色的区域
透明网格工具	用于辅助查看对象的透视效果，也可以对所绘制的对象进行约束，以正确地建立透明网格
宽度工具	用于调整路径轮廓的局部宽度
变形工具	拖动鼠标在选取的图形上涂抹，可以得到相应的变形效果
旋转扭曲工具	在选取的对象上单击，可以顺时针或逆时针旋转图形
缩拢工具	在选取的对象上单击，可以使对象产生收缩变形效果
膨胀工具	在选取的对象上单击，可以使对象产生一种向外扩张的效果
扇贝工具	可以为对象的轮廓添加一种特殊效果，使其边缘形状变得粗糙
晶格化工具	在选取的对象上单击，可以使图形的轮廓产生一种晶格化的效果
褶皱工具	在选取的对象上单击，可以为图形创建一种褶皱的效果
网格工具	用于在对象内部添加网格，并可对添加的网格进行变形
混合工具	用于在单个或多个图形之间生成一系列的中间对象，使之产生从形状到颜色的全面混合

4.2　案例设计

4.2.1　案例：橘子图标

　　知识点提示：本案例设计中主要讲述旋转工具、镜像工具、比例缩放工具、自由变换工具、倾斜工具、整形工具的相关知识。

　　1. 案例效果

　　当使用绘图工具绘制完矢量图形后，即可对对象进行变形操作，可以使用工具箱中的变形工具，如旋转工具、镜像工具、比例缩放工具、倾斜工具和自由变换工具进行旋转、镜像、比例缩放、倾斜和改变形状的操作。其实旋转、镜像、倾斜工具在前面章节中也简单了解了一些，这次再来接触应该是比较容易的。如图 4-1 所示是利用以上工具完成的案例设计——橘子图标。

　　2. 案例制作流程

　　使用旋转工具、镜像工具、比例缩放工具、倾斜工具和自由变换工具来绘制矢量图形——橘子图标的基本流程如图 4-2 所示。

图 4-1　橘子图标

① 创建橘子图标外形　　　　　　　　　　② 绘制橘子瓣图形

④ 完成整个橘子图标的绘制　　　　　　　③ 绘制水珠图形

图 4-2　橘子图标案例流程图

3. 案例操作步骤

（1）执行"文件"→"新建"命令创建一个名称为"水果系列"的矢量图文档，如图 4-3 所示。选择椭圆形工具 ○，按住 Shift 键拖动鼠标创建一个正圆形，设置渐变填充，如图 4-4 所示。选择创建的正圆形，按住 Alt 键拖动鼠标复制正圆形，重新设置渐变填充颜色，如图 4-5 所示。重复复制第三个正圆形，设置渐变填充颜色如图 4-6 所示。

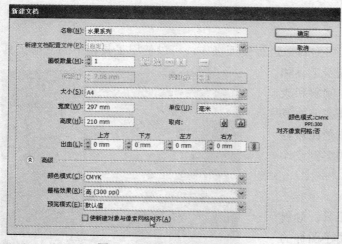

图 4-3　"新建文档"对话框

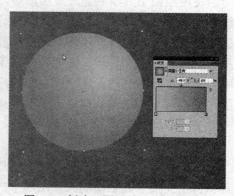

图 4-4　创建正圆形并设置渐变填充

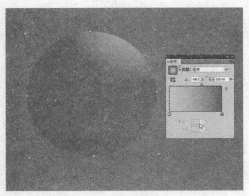

图 4-5　复制正圆形并设置渐变填充

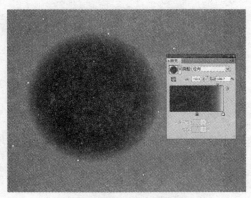

图 4-6　复制正圆形并设置渐变填充

（2）选择创建的正圆形，复制出第四个正圆形，排列顺序为顶层，设置填充为白色，双击比例缩放工具，编辑图形如图 4-7 所示。设置比例缩放数值时，如果参数小于 100%，则等比例缩小对象；如果参数大于 100%，则等比例放大对象。如果选择不等比，则按参数进行水平或垂直方向的缩放。选择钢笔工具创建图形，设置渐变填充颜色，如图 4-8 所示。

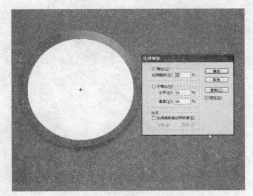

图 4-7　比例缩放圆形

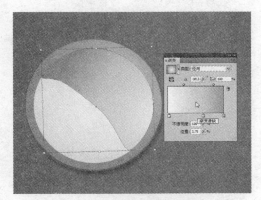

图 4-8　钢笔工具创建图形并设置渐变填充

（3）执行"窗口"→"透明度"命令打开"透明度"面板，将图形透明度样式该为"柔光"，如图 4-9 所示。使用钢笔工具绘制橘子瓣图形，设置渐变填充如图 4-10 所示。将绘制的 3 个图形编组置于添加"柔光"效果图形的下面。

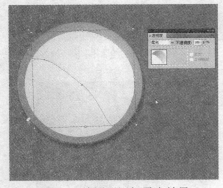

图 4-9　给图形添加柔光效果

图 4-10　钢笔绘制橘子瓣图形

（4）选择旋转工具，将鼠标在橘子瓣图形正下方单击确定旋转的中心点，然后按住 Alt 键并拖动鼠标，将橘子瓣图形旋转 45°并复制，如图 4-11 所示。按住 Ctrl+D 组合键重复复制多个橘子瓣，如图 4-12 所示。

图 4-11　旋转并复制图形

图 4-12　重复复制多个图形

（5）选择椭圆形工具 ○分别创建 3 个椭圆形，设置渐变填充，如图 4-13 至图 4-15 所示。使用钢笔工具 ◇绘制图形，如图 4-16 所示。使用星形工具 ☆创建图形，如图 4-17 所示。将绘制的水珠图形编组并复制多个水珠图形，选择自由变换工具 ⊞调整每个水珠的大小和位置，如图 4-18 所示。

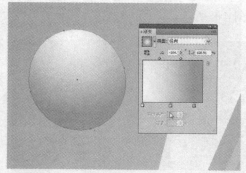

图 4-13　创建椭圆形并设置填充颜色

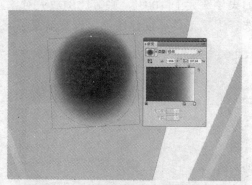

图 4-14　创建椭圆形并设置填充颜色

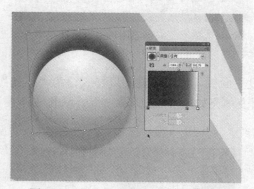

图 4-15　创建椭圆形并设置填充颜色

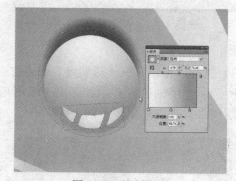

图 4-16　绘制图形

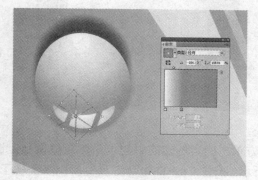

图 4-17　创建星形图形

图 4-18　复制多个水珠图形并调整大小和位置

（6）选取 4 个水滴图形后编组，选择镜像工具 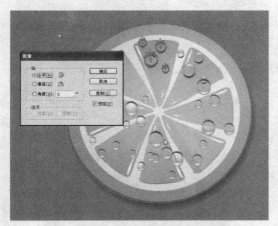 并双击，设置水平镜像并复制，如图 4-19 所示。继续镜像复制出多组水滴图形，如图 4-20 所示，完成整个案例设计。

图 4-19　将编组后的水珠图形镜像并复制　　　　　图 4-20　完成橘子图标设计

4.2.2　案例：变色猫

知识点提示：本节案例设计中将着重介绍形状生成器工具、实时上色工具、实时上色选择工具的操作方法。

1. 案例效果

当绘制完成一个图形内容复杂、颜色填充多样的矢量图案例时，可以借助工具箱中的形状生成器工具、实时上色工具、实时上色选择工具进行快速填充颜色。如图 4-21 所示是利用这些工具完成的案例设计——变色猫。

图 4-21　变色猫效果图

2. 案例制作流程

使用形状生成器、实时上色、实时上色选择等工具完成矢量图案例——变色猫的基本流程如图 4-22 所示。

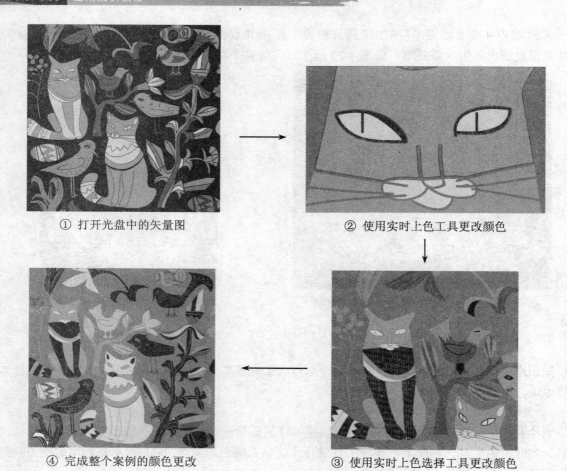

① 打开光盘中的矢量图　　　　　　　　② 使用实时上色工具更改颜色

④ 完成整个案例的颜色更改　　　　　　③ 使用实时上色选择工具更改颜色

图 4-22　变色猫案例流程图

3. 案例操作步骤

（1）执行"文件"→"打开"命令打开本书附带光盘\第 4 章图片\第 4 章案例 02\变色猫参考图.ai 文件，如图 4-23 所示。执行"文件"→"新建"命令创建一个名称为"变色猫"的矢量图文档，如图 4-24 所示。将变色猫参考图.ai 文档中的矢量图形复制并粘贴到新建文档中。

图 4-23　打开文档

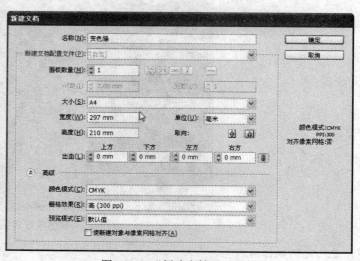

图 4-24　"新建文档"对话框

（2）将复制的所有图形全选并编组，如图 4-25 所示。设置填充颜色为粉色，如图 4-26 所示。先选择编组的图形，再选择实时上色工具 ，将鼠标放在深蓝色背景图形位置上单击，更改背景色为粉色，如图 4-27 所示。选择实时上色选择工具 ⬚，点选遗漏的动植物内部描线图形，按住 Shift 键可以多选，备选图形呈现网点图案，将其遗留的动植物内部描线图形也更改为粉色填充，如图 4-28 至图 4-30 所示。

图 4-25　将所有图形编组

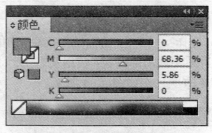

图 4-26　设置填充颜色

图 4-27　使用实时上色工具更改颜色

图 4-28　使用实时上色选择工具多选图形

图 4-29　使用实时上色选择工具多选图形

图 4-30　将动植物内部描线图形更改为粉色

（3）双击填充工具 ⬚ 打开"拾色器"对话框，设置颜色数值如图 4-31 所示。选择实时上色选择工具 ⬚，选择变色猫的部分路径，将其更改为新设置的深蓝色，如图 4-32 所示。

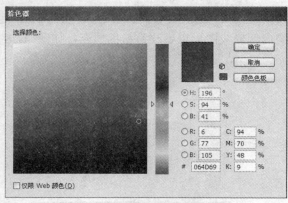

图 4-31　设置拾色器参数数值

图 4-32　更改变色猫的部分颜色

（4）选择实时上色工具 ，将案例中的部分路径更改为深蓝色，如图 4-33 所示。选择缩放工具 ，将矢量图文档局部放大，使用实时上色选择工具 精确选择面积比较小的需要更改为深蓝色的对象，为其更改颜色，如图 4-34 所示。

图 4-33　使用实时上色工具更改大面积颜色

图 4-34　使用实时上色选择工具更改小面积颜色

（5）双击填充工具 打开"拾色器"对话框，设置颜色数值如图 4-35 所示。使用实时上色工具 为需要添加灰色填充的图形中面积比较大的对象更改颜色，再使用实时上色选择工具 将文档部分放大精确选择面积比较小的对象，分别更改颜色为灰色，如图 4-36 所示。

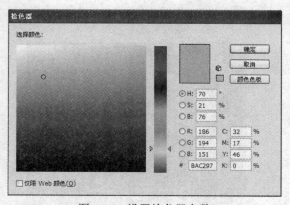

图 4-35　设置拾色器参数

图 4-36　更改对象颜色

（6）双击填充工具 ，打开"拾色器"对话框，设置颜色数值如图 4-37 所示。使用实时上色工具 为需要添加浅蓝色填充的图形中面积比较大的对象更改颜色，再使用实时上色选择工具 将文档部分放大精确选择面积比较小的对象，分别更改颜色为浅蓝色，如图 4-38 所示。

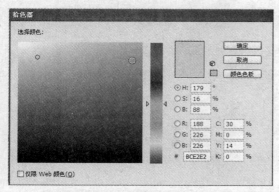

图 4-37　更改对象颜色

图 4-38　更改对象颜色

（7）分别设置浅绿色和深绿色的填充颜色参数，如图 4-39 和图 4-40 所示。同样的方法分别使用实时上色工具和实时上色选择工具为其他对象更改填充颜色，如图 4-41 所示。

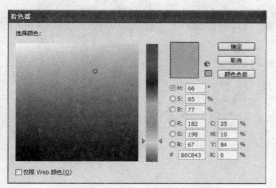

图 4-39　设置浅绿色参数

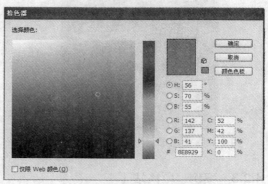

图 4-40　设置深绿色参数

图 4-41　设置深绿色参数

（8）使用选择工具 点选整个编组的图形，单击文档上方的"扩展"命令（如图 4-42 所示）将图形脱离合并实时上色状态。取消编组，选择图形，如图 4-43 所示。添加深绿色填充，如图 4-44 所示。同时选择两朵小花，选择形状生成器工具 ，将鼠标从深绿色花向浅绿色花拖动完成更改颜色编辑，如图 4-45 所示。综合使用编辑对象工具为整个案例图形更改颜色，完成矢量图案例——变色猫的绘制。

图 4-42　将实时上色编组图形扩展　　　　　　　图 4-43　选择图形

图 4-44　使用形状生成器工具更改颜色　　　　　　图 4-45　完成案例设计

4.2.3　案例：地铁站

知识点提示：本节案例设计中主要介绍 Illustrator CS5 软件中的新增工具之一——透视网格工具的使用方法、调整透视网格、在透视图中绘制网格对象等知识。

1. 案例效果

使用透视网格工具可以启用网格功能，支持在真实的透视图平面上直接绘图。在精确的 1 点、2 点、3 点透视中使用透视网格绘制形状和场景。如图 4-46 所示是运用透明网格工具绘制的矢量图形——地铁站。

图 4-46　地铁站图形效果图

2．案例制作流程

使用透视网格工具绘制矢量图——地铁站的基本流程如图 4-47 所示。

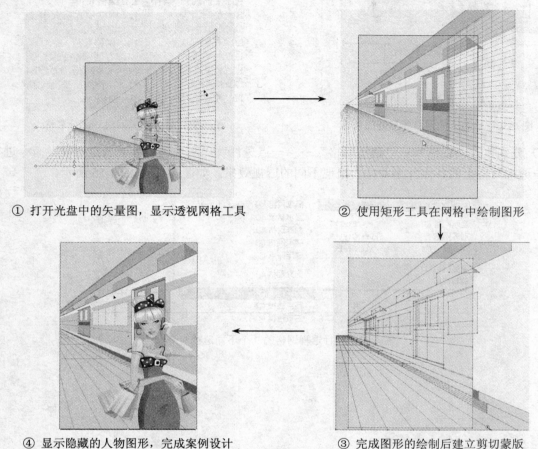

① 打开光盘中的矢量图，显示透视网格工具　　　　② 使用矩形工具在网格中绘制图形

④ 显示隐藏的人物图形，完成案例设计　　　　③ 完成图形的绘制后建立剪切蒙版

图 4-47　地铁站绘制流程图

3．案例操作步骤

（1）执行"文件"→"打开"命令打开本书附带光盘\第 4 章图片\第 4 章案例 03\地铁站人物素材.png 图片，如图 4-48 所示。选择透视网格工具　显示透视网格，熟悉网格各部分的名称，如图 4-49 和图 4-51 所示。

图 4-48　打开人物素材图片

图 4-49　显示透视网格

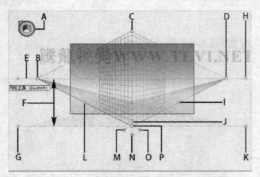

A．平面切换构件	I．网格长度
B．左侧消失点	J．网格单元格大小
C．垂直网格长度	K．地平线
D．右侧消失点	L．网格长度
E．水平线	M．右侧网格平面控制
F．水平高度	N．水平网格平面控制
G．地平线	O．左侧网格平面控制
H．水平线	P．原稿。

图 4-50　熟悉透视网格各部分的名称　　　　　图 4-51　熟悉透视网格各部分名称

（2）分别执行"视图"→"透视网格"→"一点透视"、"两点透视"、"三点透视"命令进行观察。单击透视网格上的各点并拖动，会出现不同的透视效果，如图 4-52 至图 4-55 所示。

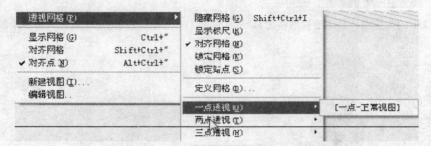

图 4-52　执行透视网格的 3 个不同透视命令

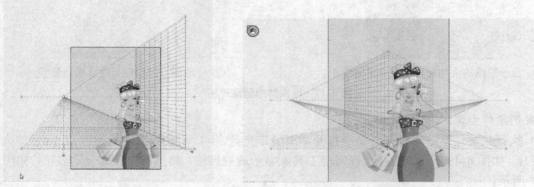

图 4-53　一点透视效果　　　　　　　　　图 4-54　两点透视效果

图 4-55　三点透视效果

（3）我们将在视图的右侧创建一个地铁车站的背景，调整透明网格为一点透视，以适合绘制的需要。单击并向右侧拖动"水平网格平面控制"控制点，如图 4-56 所示。单击并向左侧拖动"消失点"的控制点，如图 4-57 所示。

图 4-56　单击并向右侧拖动"水平网格平面控制"控制点

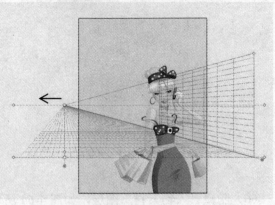

图 4-57　单击并向左侧拖动"消失点"控制点

（4）单击并向上拖动"垂直网格长度"控制点，如图 4-58 所示。单击并向上拖动"水平线"控制点，如图 4-59 所示。调整各点位置，完成透视网格透视效果的调整。

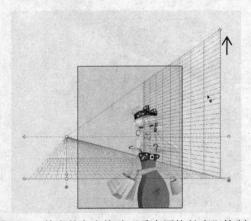

图 4-58　单击并向上拖动"垂直网格长度"控制点

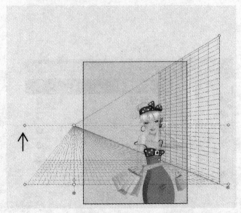

图 4-59　单击并拖动"水平线"控制点

（5）使用矩形工具在网格内绘制矩形，如图 4-60 至图 4-63 所示。

图 4-60　绘制矩形

图 4-61　绘制矩形

图 4-62 绘制矩形

图 4-63 绘制矩形

（6）隐藏"人物素材"图层，如图 4-64 所示。使用矩形工具在透明网格中绘制地铁列车门的图形，如图 4-65 所示。复制门图形并调整位置和大小，绘制第二个门图形，并创建地铁列车车身、窗户等图形，如图 4-66 和图 4-67 所示。

图 4-64 隐藏图层

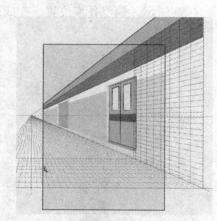

图 4-65 绘制地铁列车门图形

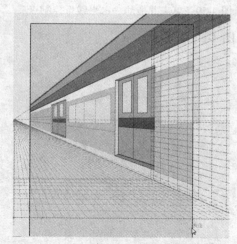

图 4-66 复制地铁列车门，绘制车身、窗户图形

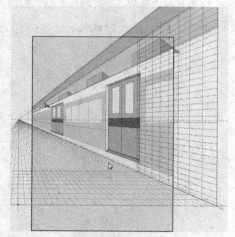

图 4-67 绘制地铁列车车身图形

（7）使用透视网格工具 单击"平面切换构件"的底面，调整为水平网格状态，如图 4-68 所示。使用矩形网格工具 创建图形，绘制车站的地面图形，如图 4-69 所示。

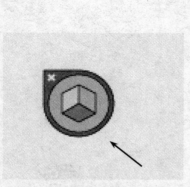

图 4-68 调整平面切换构件图形

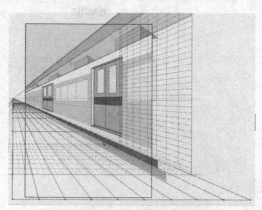

图 4-69 绘制地铁车站地面

（8）单击"平面切换构件"的左上角，隐藏网格，如图 4-70 和图 4-71 所示。将"人物素材"图层取消隐藏，如图 4-72 所示。使用矩形工具创建文档大小的矩形，如图 4-73 所示。全选文档中的所有图形，如图 4-74 所示。右击执行"建立剪切蒙版"命令或者按住 Ctrl+7 组合键将矩形与"地铁车站"所有图形建立剪切蒙版，将矩形以外的图形遮盖住，因为在下一章中会对"建立剪切蒙版"有具体的讲解，所以本节只简单了解其效果即可。如图 4-75 所示完成了矢量图案例——地铁车站的绘制。

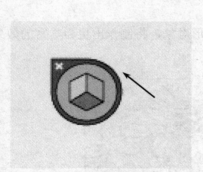

图 4-70 隐藏网格

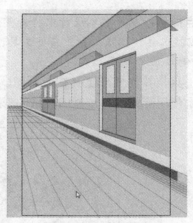

图 4-71 隐藏网格效果

图 4-72 显示人物图层

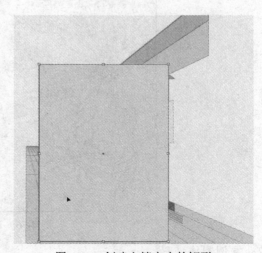

图 4-73 创建文档大小的矩形

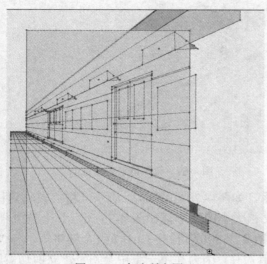

图 4-74　全选所有图形

图 4-75　建立剪切蒙版，完成案例设计

4.2.4　案例：奇异花卉

知识点提示： 本节案例设计中将着重介绍工具箱中的液化工具，如宽度工具、变形工具、旋转扭曲工具、缩拢工具、膨胀工具、扇贝工具、晶格化工具、褶皱工具的操作方法。

1. 案例效果

液化工具与其他变形工具有所不同，使用这些工具变形对象，将制作出更为丰富的效果。如图 4-76 所示是使用液化工具绘制的矢量图形——奇异花卉。

图 4-76　奇异花卉效果图

2. 案例制作流程

使用液化工具绘制奇异花卉图形的基本流程如图 4-77 所示。

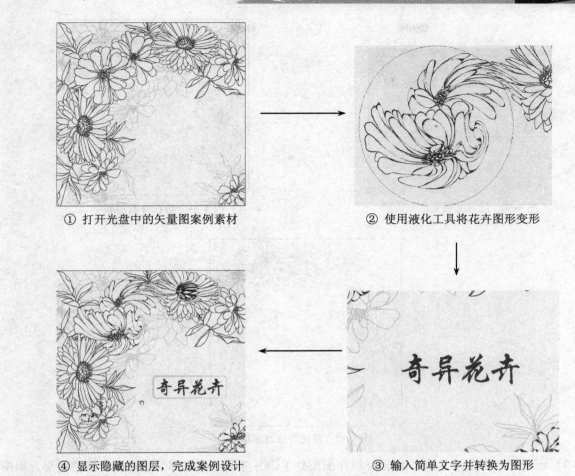

① 打开光盘中的矢量图案例素材　　　　　② 使用液化工具将花卉图形变形

④ 显示隐藏的图层，完成案例设计　　　　③ 输入简单文字并转换为图形

图 4-77　奇异花卉制作流程图

3. 案例操作步骤

（1）执行"文件"→"打开"命令打开本书附带光盘\第 4 章图片\第 4 章案例 04\花卉素材.ai 文件，如图 4-78 所示。单击工具箱中液化工具的默认首选宽度工具，向右滑动鼠标拖出"液化工具组"的展开式工具栏，如图 4-79 所示。

图 4-78　打开花卉素材文档

图 4-79　拖出液化工具组

（2）打开"图层"面板，隐藏"叶子"和"底纹花卉"图层，并将"背景"图层锁定，如图 4-80 所示。选择花卉图形，右击并选择"取消编组"命令，让多个花卉图形独立成为一个对象，如图 4-81 和图 4-82 所示。

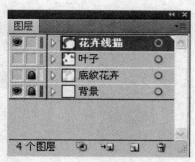

图 4-80　隐藏并锁定部分图层

图 4-81　将花卉取消编组

图 4-82　将花卉取消编组

（3）选择旋转扭曲工具　，将鼠标放在图形处单击并停留一会将部分花卉图形扭曲变形，如图 4-83 和图 4-84 所示。选择旋转扭曲工具，按住 Alt 键并向上向外拖动鼠标可以加大旋转扭曲的范围，如图 4-85 所示。

图 4-83　使用旋转扭曲工具变形图形

图 4-84　使用旋转扭曲工具变形图形

图 4-85　使用旋转扭曲工具放大旋转范围变形图形

（4）选择缩拢工具，按住 Alt 键并向下向左拖动鼠标可以缩小缩拢范围，如图 4-86 所示。在选定的图形位置单击并停留片刻将花卉图形缩拢，如图 4-87 所示。

图 4-86　缩小缩拢范围　　　　　　　　　图 4-87　使用缩拢工具变形图形

（5）选择膨胀工具，按住 Alt 键并拖动鼠标调整膨胀范围，在选定的图形位置单击将花卉部分图形进行膨胀变形，如图 4-88 所示。选择扇贝工具，同样的方法将花卉部分图形进行扇贝变形，如图 4-89 所示。

图 4-88　使用膨胀工具变形图形　　　　　　图 4-89　使用扇贝工具变形图形

（6）选择晶格化工具，按住 Alt 键并拖动鼠标调整晶格化范围，在选定的图形位置单击将花卉部分图形进行晶格化变形，如图 4-90 所示。选择褶皱工具，同样的方法将花卉部分图形进行褶皱变形处理，如图 4-91 所示。

图 4-90　使用晶格化工具变形图形　　　　　图 4-91　使用褶皱工具变形图形

（7）选择文字工具 T，输入文字并调整文字的大小、字体和位置，如图 4-92 所示。右击并选择"创建轮廓"命令将文字转变为图形，如图 4-93 所示。

图 4-92　使用文字工具输入文字

图 4-93　将文字转变为图形

（8）选择圆角矩形工具在文字周围创建圆角矩形，如图 4-94 所示。选择变形工具，将鼠标放在圆角矩形描边位置，拖动鼠标改变描边宽度，如图 4-95 所示。显示"叶子"图层和"底纹花卉"图层，完成整个案例设计，如图 4-96 所示。

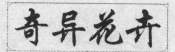

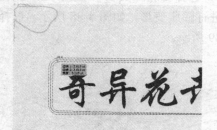

图 4-94　使用圆角矩形工具绘制图形

图 4-95　使用宽度工具改变描边宽度

图 4-96　显示隐藏图层，完成案例设计

4.3　本章小结

本章主要讲述了工具箱中用于对对象进行控制、变形、扭曲等操作的编辑工具，如旋转工具、镜像工具、比例缩放工具、自由变换工具、倾斜工具、整形工具、形状生成器工具、实时上色工具、改变形状工具、透明网格工具、宽度工具、变形工具、旋转扭曲工具及其隐藏工具等，具体介绍了这些

工具的操作技巧及其在案例设计中的应用。通过 4 个案例的具体绘制，让读者对 Illustrator CS5 软件中用于对对象进行控制、变形、扭曲等操作的编辑工具有了比较具体的掌握。

4.4　拓展练习

综合运用绘图工具、编辑对象工具绘制一幅矢量图实例，效果如图 4-97 所示。

图 4-97　矢量图实例

4.5　作业

一、选择题

1. 以下辅助绘制透明图形的工具是（　　）。
　　A．网格工具　　　　　B．透明网格工具　　　　C．晶格化工具
2. 以下可以快速为多个矢量图形添加颜色的工具是（　　）。
　　A．画笔工具　　　　　B．实时上色工具　　　　C．吸管工具
3. 以下可以更改矢量图描边宽度的工具是（　　）。
　　A．宽度工具　　　　　B．铅笔工具　　　　　　C．选择工具

二、简答题

如何将已经实时上色编组的图形运用形状生成器工具进行颜色更改？

第 5 章 特殊艺术文字效果设计

学习目的

Illustrator CS5 提供了强大的文本编辑和图文混排功能，除了能在工作页面的任何位置生成横排或竖排的区域文本，还能生成沿任意路径排列的路径文本，可以将文本排进各种规则和不规则的对象，还可以将各文本块链接以实现分栏和复杂的版面编排。结合强大的绘图功能和图形处理，文本与矢量或位图的混排更显示出优势。同时还可以应用各种外观和样式属性制作出绚丽多彩的文本效果。

5.1 相关知识

在 Illustrator CS5 中，创建文本的方法有很多，既可以使用系统本身的文本工具来添加，也可以在视图中添加一行文字、创建文本列和行，在形状中创建文本或通过路径编排文本，以及将字形用作图形对象，还可以将其他应用程序中的文本文件置入到当前文件中。

5.1.1 认识文本工具

工具箱中提供了多种文本工具，使用这些工具可以创建点文本、区域文本、路径文本等形式各异的文本对象。通过"字符"面板可以设置文本的字符级格式，如字号、字体等。使用"段落"面板可以设置文本的段落格式，如段落缩进、对齐等。当创建大量文字时，可以创建链接文本、划分行与列，以及分布、排列等。各文本工具及其功能如表 5-1 所示。

表 5-1 各文本工具及其功能

工具	功能
文本工具	用于直接输入沿水平方向的文本，可输入点文本和文本块
区域文本工具	用于创建任意形状的文本对象。如果输入的文字超出了文本路径所能容纳的范围，将出现文本溢出的现象，这时文本路径的右下角会出现一个红色的图标，拖拽文本路径周围的控制点来调整文本路径的大小可以显示所有文字
路径文本工具	用于在创建文本时让文本沿着一个开放或闭合的路径的边缘进行水平方向排列，路径可以是规则或不规则的
直排文本工具	用于直接输入沿垂直方向的文本，可输入点文本和文本块
直排区域文本工具	用于直接输入沿垂直方向的文本，可输入点文本和文本块 在文本路径中可以创建竖排的文本，与直排文本工具的使用方法是一致的
直排路径文本工具	用于创建文本时让文本沿着一个开放或闭合的路径的边缘进行垂直方向排列，路径可以是规则或不规则的

5.1.2 设置字符格式

在 Illustrator CS5 中，可以设定字符的格式。这些格式包括文字的字体、字号、颜色、字符间距等，如表 5-2 所示。

表 5-2　字符控制面板各选项及其作用

选项	作用
字体选项	单击右侧按钮，可以在弹出下拉列表中选择一种需要的字体
设置字体大小	用于控制文本的大小，单击数值框左侧的上下微调按钮可以逐级调整字号大小的数值，还可以直接输入数值设置字号
设置行距	用于控制文本的行距，定义文本中行与行之间的距离
水平缩放	可以使文字的纵向大小保持不变，横向被缩放，缩放比例小于 100%表示文字被压扁，大于 100%表示文字被拉伸
垂直缩放	可以使文字尺寸横向保持不变，纵向被缩放，缩放比例小于 100%表示文字被压扁，大于 100%表示文字被拉长
设置两个字符间的字符间距调整	用于调整字符之间的水平间距。输入正值时，字距变大；输入负值时，字距变小
设置所选字符间的字符间距调整	用于细微地调整字符与字符之间的距离
设置基线偏移	用于调节文字的上下位置。可以通过此项设置为文字制作上标或下标。正值时表示文字上移，负值时表示文字下移

5.1.3　文本对齐

文本对齐是指所有的文字在段落中按一定的标准有序地排列。Illustrator CS5 提供了 7 种文本对齐的方式：左对齐▣、居中对齐▣、右对齐▣、两端对齐末行左对齐▣、两端对齐末行居中对齐▣、两端对齐末行右对齐▣、全部两端对齐▣。

段落缩进是指在一个段落文本开始时需要空出的字符位置。选定的段落文本可以是文本块、区域文本或文本路径。段落缩进有 5 种方式：左缩进▣、右缩进▣、首行左缩进▣、段前间距▣、段后间距▣。

图文混排效果在版式设计中是经常使用的一种效果，使用文本绕图命令可以制作出漂亮的图文混排效果。文本绕图对整个文本块起作用，对于文本块中的部分文本，以及点文本、路径文本都不能进行文本绕图，同时图片必须放置在文字上方。

5.2　案例设计

5.2.1　案例：玻璃字的制作

知识点提示：本节案例设计中主要介绍文字工具、图层样式、混合工具的使用方法。

1. 案例效果

使用文字工具、图层样式、混合工具等创建和绘制文字图形案例——玻璃字效果如图 5-1 所示。

图 5-1　玻璃字效果

2. 案例制作流程

使用文字工具制作玻璃字的基本流程如图 5-2 所示。

① 输入文字　　　　　　　　　　　　　② 填充样式

④ 使用混合工具调整后的效果　　　　　　③ 复制图层

图 5-2　玻璃字制作流程图

3. 案例操作步骤

（1）按 Ctrl+N 组合键打开"新建文档"对话框，新建一个 A4 大小、RGB 模式的文档。

（2）选择文字工具 T，在画面中单击输入文字，在控制面板中设置字体和字号，如图 5-3 所示。

图 5-3　输入文字

（3）执行"窗口"→"图层样式库"→"照亮样式"命令打开面板，选择"紫色半高光样式"，如图 5-4 和图 5-5 所示。

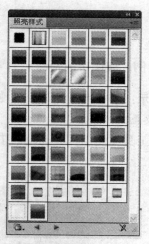

图 5-4　使用样式后的效果　　　　　　　图 5-5　"照亮样式"面板

（4）单击选择工具 ，按住 Alt 键将文字向左上方拖动进行复制，如图 5-6 所示；选择"照亮水绿色样式"，如图 5-7 所示，效果如图 5-8 所示。

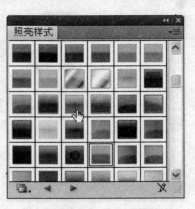

图 5-6 复制文字 　　　　图 5-7 选择照亮水绿色样式

图 5-8 设置后的效果

（5）选取这两个文字，按 Ctrl+Alt+B 组合键建立混合，选择混合工具，在打开的对话框中设置间距为"指定的步数"，参数为 10，如图 5-9 和图 5-10 所示。

图 5-9 "混合选项"对话框 　　　　图 5-10 调整后的效果

（6）选择编组选择工具，拖动位于最上方的文字拉开距离，增加玻璃字的厚度，产生层次感，如图 5-11 所示。

图 5-11 制作完成后的效果

5.2.2 案例：线绳字的制作

知识点提示：本节案例设计中主要介绍用铅笔工具书写文字的方法，以及"外观"面板下"风格化"→"涂抹"命令的使用方法。

1. 案例效果

执行"风格化"→"涂抹"命令绘制矢量图——线绳字的效果如图 5-12 所示。

图 5-12　线绳字效果

2. 案例制作流程

用"涂抹"命令制作线绳字的基本流程如图 5-13 所示。

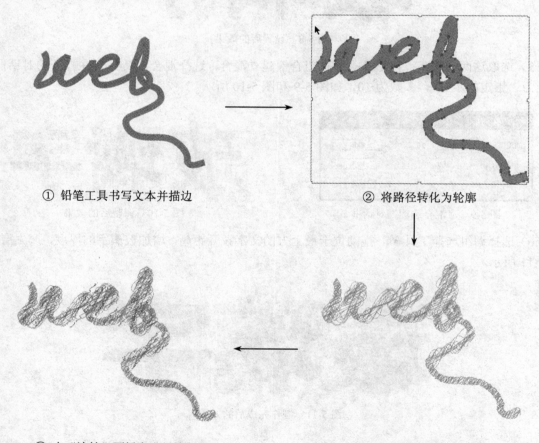

① 铅笔工具书写文本并描边　　　　　② 将路径转化为轮廓

④ 在"涂抹"面板中进行填色　　　　　③ 添加涂抹效果

图 5-13　线绳字制作流程图

3. 案例操作步骤

（1）按 Ctrl+N 组合键打开"新建文档"对话框，新建一个 A4 大小、RGB 模式的文档。

（2）使用铅笔工具 ✎ 在画面中绘制文字 web，设置描边颜色为橘黄色，描边粗细为 20pt，如图 5-14 所示。执行"对象"→"路径"→"轮廓化描边"命令将路径转化为轮廓，如图 5-15 所示。

图 5-14 绘制文字   图 5-15 将文字路径转化为轮廓

（3）按 Shift+F6 组合键打开"外观"面板，单击"填色"属性，再单击面板下方的 *fx.* 按钮，在打开的菜单中选择"风格化"→"涂抹"命令打开"涂抹选项"对话框，设置参数如图 5-16 所示，效果如图 5-17 所示。

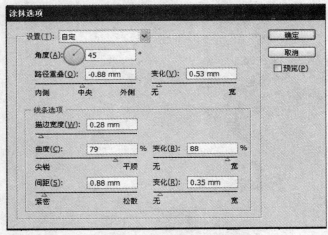

图 5-16 "涂抹选项"对话框   图 5-17 设置涂抹后的效果

（4）在"外观"面板中可以看到"涂抹"效果位于"填色"属性内，如图 5-18 所示，选择"填色"属性，单击面板下方的 按钮进行复制，如图 5-19 所示。此时文字具有双重填色属性，我们要对一个填色属性进行调整，包括颜色和"涂抹"效果的参数，使纹理的变化更加丰富。单击 按钮打开"色板"面板，选取红色。

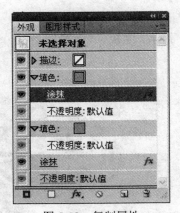

图 5-18 "外观"面板   图 5-19 复制属性

（5）双击红色填充内的"涂抹"属性，在打开的"涂抹选项"对话框中调整参数（如图 5-20 所示），使线条产生变化，效果如图 5-21 所示。

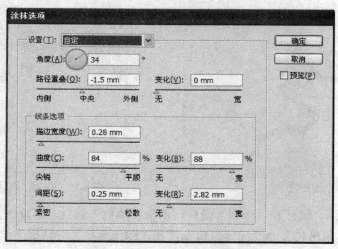

图 5-20 "涂抹选项" 对话框

图 5-21 涂抹字效果

5.2.3 案例：花纹字的制作

知识点提示：本节案例设计中主要介绍"字符面板"命令、"变换面板"命令、钢笔工具、渐变工具的使用方法。

1. 案例效果

使用"字符"面板、"变换"面板、钢笔工具、渐变工具绘制矢量图案例——花纹字的效果如图 5-22 所示。

图 5-22 花纹字效果

2．案例制作流程

使用"字符"面板、"变换"面板、钢笔工具、渐变工具绘制矢量图案例制作基本流程如图 5-23 所示。

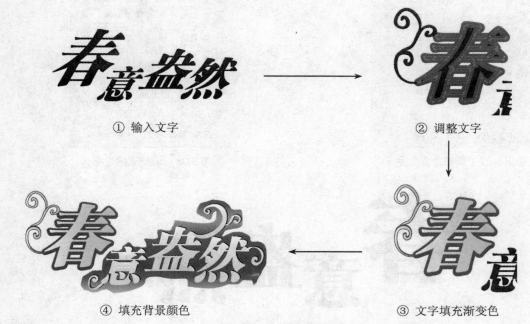

① 输入文字　　　　　　　　　　　　　② 调整文字

④ 填充背景颜色　　　　　　　　　　　③ 文字填充渐变色

图 5-23　花纹字绘制流程图

3．案例操作步骤

（1）按 Ctrl+N 组合键打开"新建文档"对话框，新建一个 A4 大小、色彩模式为 CMYK 的文档，使用文字工具 T 输入"春意盎然" 4 个字，如图 5-24 所示。使用的字体为"迷你简粗宋"，将 4 个字分别在"字符"面板中进行设置，如图 5-25 至图 5-28 所示，调整完的效果如图 5-29 所示。

图 5-24　输入文字

图 5-25　调整"春"字　　　　　　　　　　图 5-26　调整"意"字

图 5-27　调整"盎"字

图 5-28　调整"然"字

图 5-29　调整后的效果

（2）选中全部文字，单击"窗口"→"变换"命令，在"变换"面板中设置倾斜角度为 15°，如图 5-30 所示，效果如图 5-31 所示。

图 5-30　"变换"面板

图 5-31　调整后的效果

（3）使用钢笔工具绘制图形，填充黑色，禁用描边效果，并与字体衔接，如图 5-32 和图 5-33 所示。

图 5-32　绘制图形

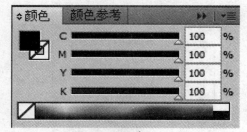

图 5-33　"颜色"面板

（4）选中"春"字，右击并执行"创建轮廓"命令将文字转换为文字图形，添加粗细为 40pt 的洋红描边，如图 5-34 所示，效果如图 5-35 所示。

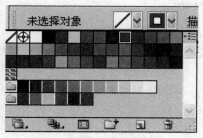

图 5-34　选取颜色

图 5-35　描边后的效果

（5）将"春"字图形排列于左侧花藤图形的上方并同时选中两图形，执行"窗口"→"路径查找器"命令，在面板中单击"联集按钮" 将两图形连在一起，如图 5-36 所示。

（6）复制"春"图形置于原图形前方，禁用描边效果，填充渐变，设置参数，如图 5-37 和图 5-38 所示。

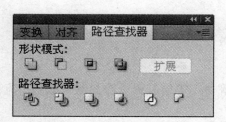

图 5-36　"路径查找器"面板

图 5-37　填充渐变效果

（7）按照上述方法绘制其他 3 个字体效果，文字及图形出现阴影，使复制后的文字和图形进行偏移，如图 5-39 所示。

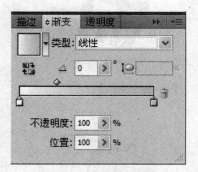

图 5-38　调整渐变参数

图 5-39　设计其他字体

（8）使用钢笔工具 沿"意　盎　然"图形建立路径，禁用描边效果，填充渐变，设置参数，如图 5-40 所示，并将图形移到底层。

图 5-40　填充底纹后的效果

5.2.4 案例：绘制 POP 文字

知识点提示： 本节案例设计中主要介绍文字工具、将文字"转化为轮廓"命令的使用方法。

1. 案例效果

使用文字工具、路径查找器工具、将文字转化为轮廓命令等绘制矢量图案例——POP 文字的效果如图 5-41 所示。

图 5-41 POP 文字效果

2. 案例制作流程

使用文字工具、路径查找器工具、将文字转化为轮廓命令等绘制矢量图案例基本制作流程如图 5-42 所示。

① 输入文字并转化为轮廓 ② 调整文字

④ 加入装饰图形 ③ 填充颜色并复制图形

图 5-42 POP 文字绘制流程图

3. 案例操作步骤

（1）按 Ctrl+N 组合键打开"新建文档"对话框，新建一个 A4 大小、RGB 模式的文档。

（2）使用文字工具 T 输入"新品上市"，选中文字，右击并执行"创建轮廓"命令将文字转化为轮廓路径，如图 5-43 所示。将文字转化为轮廓后取消编组，使一个文字轮廓成为一个单独对象，以便于操作。

图 5-43　输入文本

（3）使用直接选择工具 选择"新"字的锚点，调整其位置，绘制 POP 文字效果，并对其进行旋转，执行"对象"→"变换"→"旋转"命令，如图 5-44 和图 5-45 所示。

图 5-44　调整"新"字　　　　　　　　　　　　　　　图 5-45　"旋转"对话框

（4）使用直接选择工具 选择"新"字，执行"窗口"→"路径查找器"命令，在面板中单击"联集"按钮 将重合轮廓联合起来，如图 5-46 和图 5-47 所示。

图 5-46　联集路径前效果　　　　　　　　　　　　　图 5-47　联集路径后效果

（5）复制一份"新"字并移动其位置，填充黄色，添加描边效果，设置参数，如图 5-48 所示。

图 5-48　填充黄色

（6）复制上述绘制"新"字的过程绘制"品"、"上"、"市"3 个字的 POP 效果，如图 5-49 所示。

图 5-49　调整其他 3 个字

（7）为了使作品更加丰富，画面更加充实，可以加上相应的装饰图案，如图 5-50 所示。

图 5-50　加入装饰图案

5.2.5　案例：绘制冰雕文字

知识点提示：本节案例设计中主要介绍文字工具、渐变工具、图层样式的使用方法。

1. 案例效果

使用文字工具、渐变工具、图层样式等绘制矢量图形——冰雕文字案例的效果如图 5-51 所示。

图 5-51　冰雕字效果

2. 案例制作流程

使用文字工具、渐变工具、图层样式等绘制矢量图形案例制作基本流程如图 5-52 所示。

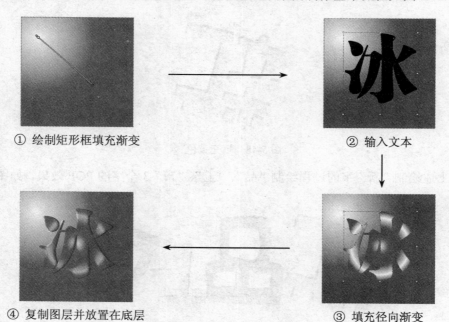

① 绘制矩形框填充渐变　　　　　　② 输入文本

④ 复制图层并放置在底层　　　　　　③ 填充径向渐变

图 5-52　冰雕字绘制流程图

3．案例操作步骤

（1）按 Ctrl+N 组合键打开"新建文档"对话框，新建一个 A4 大小、RGB 模式的文档。选择矩形工具 ▭，在画面中单击打开"矩形"对话框，创建一个正方形，如图 5-53 所示。

图 5-53　建立矩形框

（2）双击渐变工具 ▭ 打开"渐变"面板，调整渐变颜色，如图 5-54 所示，从图形的左上角向右下角拖动鼠标，重新填充渐变，如图 5-55 所示。

图 5-54　"渐变"面板

图 5-55　调整方向

（3）选择文字工具 T，在画面中单击输入文字"冰"，如图 5-56 所示。按 Ctrl+C 组合键复制该文字，在后面的操作中会使用。执行"窗口"→"图形样式库"→"纹理"命令，在打开的面板中选择"RGB 水"，如图 5-57 所示，效果如图 5-58 所示。

图 5-56　输入文字

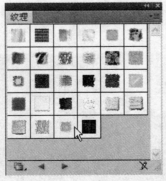

图 5-57　选择样式

图 5-58　填充后的效果

（4）按 Ctrl+F 组合键将复制的文字粘贴到前面，选择该文字并右击，选择"创建为轮廓"命令将文字创建为轮廓。在"渐变"面板中调整渐变颜色，如图 5-59 所示，文字效果如图 5-60 所示。

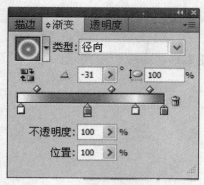

图 5-59　"渐变"面板

图 5-60　填充渐变后的效果

（5）设置该文字的混合模式为"叠加"，如图 5-61 所示，呈现出下一层文字的质感，如图 5-62 所示。

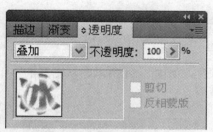

图 5-61　"透明度"面板

图 5-62　调整后的效果

（6）按 Ctrl+F 组合键将复制的文字粘贴到前面，将颜色改为如图 5-63 所示，效果如图 5-64 所示。

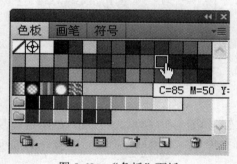

图 5-63　"色板"面板

图 5-64　填充颜色

（7）选择该文字，右击并选择"排列"命令，将该图层移到文字的底层作为投影，效果如图 5-65 所示。

图 5-65　完成效果

5.2.6　案例：绘制彩色边框文字

知识点提示：本节案例设计中主要介绍"文字工具"、"描边"命令的使用方法。

1. 案例效果

使用文字工具、"描边"命令创建矢量图——彩色边框文字案例的效果如图 5-66 所示。

图 5-66　彩色边框文字

2. 案例制作流程

使用文字工具、"描边"命令创建矢量图——彩色边框文字案例制作基本流程如图 5-67 所示。

 →　

① 输入文本　　　　　　　　　　　　② 设置文字描边及效果

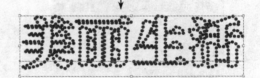

④ 重复粘贴文字并设置其属性　　　　③ 再次设置文字描边及效果

图 5-67　彩色边框文字绘制流程图

3. 案例操作步骤

（1）按 Ctrl+N 组合键打开"新建文档"对话框，新建一个 A4 大小、RGB 模式的文档。

（2）选择文字工具 T，在画面中单击并输入文字，按 Ctrl+T 组合键打开"字符"面板，设置字体和字号，如图 5-68 和图 5-69 所示。

图 5-68　"字符"面板

图 5-69　调整后的效果

（3）选择直接选择工具 ，将文字填充色设置为无色，描边色设置为绿色，在"描边"面板中将描边宽度设置为 8pt，并选中"虚线"复选框，分别在"虚线"和"间隙"文本框中输入 0.1pt 和 10pt，并按下"端点"按钮 和"边角"按钮 ，如图 5-70 和图 5-71 所示。

图 5-70 "描边"面板　　　　　　　　　　　　　　　　图 5-71 描边后的效果

（4）选中文字，按 Ctrl+C 和 Ctrl+F 组合键。复制这个文字并将其粘贴到原文字之上，然后将粘贴文字的描边色设置为红色，填充色依然是无色。在"描边"面板中设置描边宽度为 8pt，分别在"虚线"和"间隙"文本框中输入 0.1pt 和 20pt，并按下"端点"按钮 和"边角"按钮 ，设置如图 5-72 所示，效果如图 5-73 所示。

图 5-72 再次设置描边　　　　　　　　　　　　　　　图 5-73 文字效果

（5）使用直接选择工具 选中位于上层的文字，重复（4）的操作，只是将描边颜色设置为绿色，宽度设置为 3.5pt，在"间隙"文本框中输入 10pt，效果如图 5-74 所示。

图 5-74 复制文字并设置

（6）再次重复（4）的操作，将新复制得到的文字的描边色设置为蓝色，描边宽度设置为 5pt，在"间隙"文本框中输入 30pt，如图 5-75 所示。

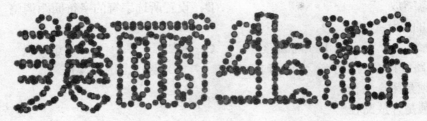

图 5-75　彩色边框文字完成效果

5.3　本章小结

本章主要讲述了文字工具的基本操作及"字符"面板、对齐方式、混合工具的使用，以及渐变工具的使用、混合方式的调整等相关内容，通过 6 个案例的具体绘制，让读者对 Illustrator CS5 软件中文字工具的操作方法有一个较为深入的认识，并在以后的设计中能灵活地运用文字工具。

5.4　拓展练习

综合运用基本绘图工具、填充与描边工具、文字工具等绘制一张宣传招贴，效果如图 5-76 所示。

图 5-76　拓展练习效果图

5.5　作业

一、选择题

1. 文本绕图效果的应用要求图片和文字的关系是（　　　）。

　　A．文字在图片上　　　　　　　　　　B．图片在文字上

　　C．无所谓　　　　　　　　　　　　　D．文字与图片必须分图层

2．"字符"面板中的 的作用是（　　　）。

    A．水平缩放　　　　　　　　　　　　B．垂直缩放

    C．任意缩放　　　　　　　　　　　　D．设置所选字符的字符间距调整

3．文本框的形状是（　　　）。

    A．矩形　　　　　　　B．椭圆形　　　　　C．曲线　　　　　D．任意形状

4．使用沿路径排布的文字输入工具时，应在（　　　）路径上进行操作。

    A．必须是闭合路径

    B．必须是开放路径

    C．可以是开放路径，也可以是闭合路径

    D．可以是开放路径，也可以是闭合路径，但其填充色必须是无色

二、简答题

图文混排效果在版式设计中是经常使用的一种效果，在使用文本绕图时有怎样的局限和要求？

第6章 图层和蒙版的应用与案例设计

学习目的

本章将重点介绍 Illustrator CS5 中图层和蒙版的使用方法。掌握图层和蒙版的功能，可以帮助读者在图形设计中提高效率，有利于快速、准确地设计和制作出精美的平面设计作品。在设计过程中，如果要创建复杂的图形，为了方便查找与管理，可以设置多个图层或是设置子图层，将不同的对象放置到不同的图层之中，即使用图层来管理组成作品的所有对象，以使绘制工作变得便捷。剪切蒙版是一个可以用其形状遮盖其他图稿的对象，因此使用剪切蒙版只能看到蒙版形状内的区域，从效果上来说就是将对象裁剪为蒙版的形状。

6.1 相关知识

Illustrator CS5 的图层是透明层，在每一层中可以放置不同的图像，上面的图层将影响下面的图层，修改其中的某一图层不会改动其他的图层，将这些图层叠在一起显示在图像视窗中就形成了一幅完整的图像。

6.1.1 认识图层

1. 了解图层

在平面设计中，特别是包含复杂图形的设计中，需要在页面上创建多个对象，由于每个对象的大小不一致，小的对象可能隐藏在大的对象下面。这样，选择和查看对象就很不方便。使用图层来管理对象，就可以很好地解决这个问题。图层就像一个文件夹，它可以包含多个对象，也可以对图层进行多种编辑。

执行"窗口"→"图层"命令（快捷键为 F7），弹出"图层"控制面板，如图 6-1 所示。

2. 认识图层

下面就来认识一下"图层"控制面板。打开一幅图像，单击"窗口"→"图层"命令，弹出"图层"控制面板，如图 6-2 所示。

图 6-1 "图层"面板

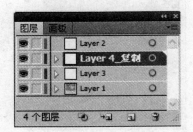

图 6-2 "图层"面板

单击图层名称前的三角形按钮▷可以展开或折叠图层。当按钮为▷时，表示此图层的内容处于未显示状态，单击此按钮可以展开当前图层中所有的选项；当按钮为▽时，表示显示了图层中的选项，单击此按钮可以将图层折叠起来，这样可以节省"图层"控制面板的空间。

"眼睛"图标👁用于显示或隐藏图层；图层右上方的白色三角形图标◣表示当前正被编辑的图层；

"锁定"图标![lock]表示当前图层和透明区域被锁定，不能被编辑。

在"图层"控制面板的最下面有 4 个按钮![buttons]，从左到右依次是："建立/释放剪切蒙版"按钮、"创建新子图层"按钮、"创建新图层"按钮、"删除所选图层"按钮。

3．编辑图层

使用图层时，可以通过"图层"控制面板对图层进行编辑，如新建图层、新建子图层、为图层设定选项、合并图层、建立图层蒙版等，这些操作都可以通过选择"图层"控制面板下拉菜单中的命令来完成。

（1）新建图层。

1）使用"图层"控制面板下拉式菜单。单击"图层"控制面板右上方的图标![icon]，在弹出的下拉菜单中选择"新建图层"命令，弹出"图层选项"对话框，如图 6-3 所示。

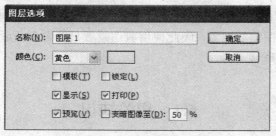

图 6-3 "图层选项"对话框

2）使用"图层"控制面板按钮或快捷键。单击"图层"控制面板下方的"创建新图层"按钮![icon]可以创建一个新图层。

（2）选择图层。单击图层名称，图层会显示为蓝色，并在名称后出现一个当前图层指示图标即白色三角形![triangle]，表示此图层被选择为当前图层。

按住 Shift 键，分别单击两个图层，即可选择两个图层之间的多个连续的图层；按住 Ctrl 键，逐个单击想要选择的图层，可以选择多个不连续的图层。

（3）复制图层。复制图层时，会复制图层中所包含的所有对象，包括路径、编组，以至于整个图层。

1）使用"图层"控制面板下拉式菜单。选择要复制的图层，单击"图层"控制面板右上方的图标，在弹出的下拉菜单中选择"复制图层"命令。

2）使用"图层"控制面板按钮。将"图层"控制面板中需要复制的图层拖曳到下方的"创建新图层"按钮![icon]上即可将所选的图层复制为一个新图层，如图 6-4 和如图 6-5 所示。

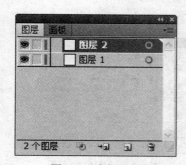

图 6-4 选择图层

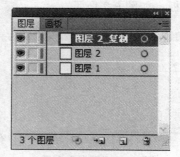

图 6-5 复制图层

4．删除图层

（1）使用"图层"控制面板下拉式菜单。选择要删除的图层，单击"图层"控制面板右上方的图标![icon]，在弹出的下拉菜单中选择"删除图层"命令（如图 6-6 所示），图层即可被删除。

图 6-6　控制面板删除图层

（2）使用"图层"控制面板按钮。选择要删除的图层，单击"图层"控制面板下方的"删除所选图层"按钮 可将图层删除；将需要删除的图层拖曳到"删除所选图层"按钮 上也可以删除图层。

5. 合并图层

在"图层"控制面板中选择需要合并的图层，单击"图层"控制面板右上方的图标 ，在弹出的下拉菜单中选择"合并所选图层"命令，所有选择的图层将合并到最后一个选择的图层或编组中。

选择下拉式菜单中的"拼合图稿"命令，所有可见图层将合并为一个图层，合并图层时不会改变对象在绘图页面上的排序，如图 6-7 和图 6-8 所示。

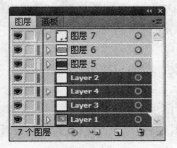

图 6-7　选择图层

图 6-8　合并图层

6.1.2　认识蒙版

将一个对象制作为蒙版后，对象的内部变得完全透明，这样就可以显示下面的被蒙版对象。建立不透明蒙版命令，可以将蒙版的不透明度设置应用到它所覆盖的所有对象中，同时也可以遮挡住不需要显示或打印的部分。

1. 制作图像蒙版

（1）使用"创建"命令制作。

打开一幅图像如图 6-9 所示，选择椭圆工具 ，在图像上绘制一个椭圆形作为蒙版，如图 6-10 所示。

图 6-9　打开图像

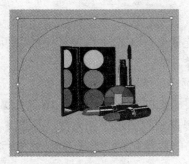

图 6-10　绘制圆形

使用选择工具 同时选中图像和椭圆形，如图 6-11 所示（作为蒙版的图形必须在图像的上面），单击"对象"→"剪切蒙版"→"建立"命令（组合键为 Ctrl+7）制作出蒙版效果，如图 6-12 所示。图像在椭圆形蒙版外面的部分被隐藏，释放选区后蒙版的效果如图 6-13 所示。

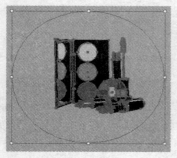

图 6-11　选中图像与圆形

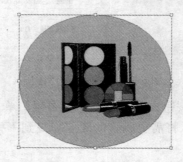

图 6-12　建立蒙版

图 6-13　蒙版后的效果

（2）使用鼠标右键的弹出式命令制作蒙版。

使用选择工具 选中图像和椭圆形，在选中的对象上右击，在弹出的快捷菜单中选择"建立剪切蒙版"命令，制作出蒙版效果。

（3）用"图层"控制面板中的命令制作蒙版。

使用选择工具 选中图像和椭圆形，单击"图层"控制面板右上方的图标 ，在弹出的下拉菜单中选择"建立剪切蒙版"命令，制作出蒙版效果。

2．编辑图像蒙版

制作蒙版后，还可以对蒙版进行编辑，如查看、选择蒙版、增加和减少蒙版区域等。

（1）查看蒙版。

使用选择工具 选中蒙版图像，如图 6-14 所示。单击"图层"控制面板右上方的图标 ，在弹出的下拉菜单中选择"定位对象"命令，"图层"控制面板如图 6-15 所示，可以在其中查看蒙版状态，也可以编辑蒙版。

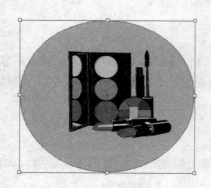

图 6-14　选择蒙版

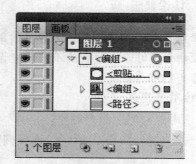

图 6-15　查看蒙版状态

（2）锁定蒙版。

使用选择工具 选中需要锁定的蒙版图像，单击"对象"→"锁定"→"所选对象"命令可以锁定蒙版图像。

（3）添加对象到蒙版。

选中要添加的对象（如图 6-16 所示），单击"编辑"→"剪切"命令剪切该对象。使用直接选择工具 选中被蒙版图形中的对象（如图 6-17 所示），单击"编辑"→"贴在前面、贴在后面"命令即可将要添加的对象粘贴到相应的蒙版图形的前面或后面，并成为图形的一部分，贴在前面的效果如图 6-18 所示。

图 6-16　选中图像　　　　图 6-17　选中蒙版图形　　　　图 6-18　添加图像到蒙版

（4）删除被蒙版的对象。

选择被蒙版的对象，单击"编辑"→"清除"命令或按 Delete 键，即可删除被蒙版的对象，也可以在"图层"控制面板中选中被蒙版对象所在的图层，再单击"图层"控制面板下方的"删除所选图层"按钮 。

3. 制作文本蒙版

在 Illustrator CS5 中，可以将文本制作为蒙版。根据设计需要来制作文本蒙版，可以使文本产生丰富的效果。

（1）使用鼠标右键弹出菜单命令制作文本蒙版。

使用选择工具 选中图像和文字，在选中的对象上右击，在弹出的快捷菜单中选择"建立剪切蒙版"命令，制作出蒙版效果。

（2）使用"图层"控制面板中的命令制作蒙版。

使用选择工具 选中图像和文字，单击"图层"控制面板右上方的图标 ，在弹出的下拉菜单中选择"建立剪切蒙版"命令，制作出蒙版效果。

6.1.3　调色板的控制

单击"窗口"→"色板"命令，弹出"色板"控制面板，在其中单击需要的颜色或样本可以将其选中，如图 6-19 所示。

图 6-19　"色板"控制面板

"色板"控制面板提供了多种颜色和图案，并且允许添加并存储自定义的颜色和图案。单击"显示色板类型"按钮 ，可以使所有的样本都显示出来；"显示颜色色板"按钮 ，仅显示颜色样本；"显示渐变色板"按钮 ，仅显示渐变样本；"显示图案色板"按钮 ，仅显示图案样本；"显示颜色组"按钮 ，仅显示颜色组；单击"新建颜色组"按钮 ，可以新建颜色组；单击"色板选项"按钮 ，可以打开"色板选项"对话框；"新建色板"按钮 ，用于定义和新建一个新的样本；"删除色板"按钮 ，可以将选定的样本从"色板"控制面板中删除。

在"色板"控制面板左上角的方块标有斜红杠 ，表示无颜色填充。双击"色板"控制面板中的颜色缩略图 的时候会弹出"色板选项"对话框，可以设置其颜色属性，如图 6-20 所示。

单击"色板"控制面板右上方的图标 ，将弹出的下拉菜单中选择"新建色板"命令，可以将选中的某一颜色或样本添加到"色板"控制面板中；单击"新建色板"按钮，也可以添加新的颜色或样本到"色板"控制面板中，如图6-21所示。

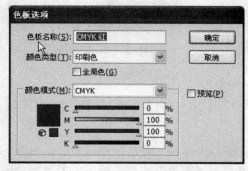

图6-20 "色板选项"对话框

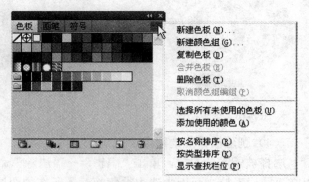

图6-21 色板下拉菜单

Illustrator CS5 除了"色板"控制面板中默认的样本外，在"色板库"中还提供了多种色板。单击"窗口"→"色板库"命令，可以看到在其子菜单中包括了不同的样本可供选择使用。

当单击"窗口"→"色板库"→"其他库"命令时会弹出对话框，可以将其他文件中的色板样本、渐变样本和图案样本导入到"色板"控制面板中。

6.1.4 认识"透明度"控制面板

透明度是 Illustrator CS5 中对象的一个重要外观属性。Illustrator CS5 的透明度，通过设置，绘图页面上的对象可以是完全透明、半透明或者不透明3种状态。在"透明度"控制面板中，可以给对象添加不透明度，还可以改变混合模式，从而制作出新的效果。

单击"窗口"→"透明度"命令（组合键为 Shift+Ctrl+F10），弹出"透明度"控制面板，如图6-22所示。单击控制面板右上方的图标，在弹出的下拉菜单中选择"显示缩览图"命令，可以将"透明度"控制面板中的缩览图显示出来，如图 6-23 所示。在弹出的下拉菜单中选择"显示选项"命令，可以将"透明度"控制面板中的选项显示出来，如图 6-24 所示。

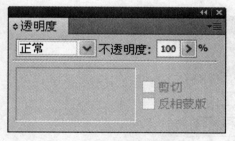

图6-22 "透明度"控制面板

图6-23 显示缩览图

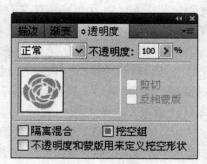

图6-24 显示选项

1．"透明度"控制面板的表面属性

选择"隔离混合"复选项，可以使不透明度设置只影响当前组合或图层中的其他对象；选择"挖空组"复选项，可以使不透明度设置不影响当前组合或图层中的其他对象，但背景对象仍然受影响；选择"不透明度和蒙版用来定义挖空形状"复选项，可以使用不透明度蒙版来定义对象的不透明度所产生的效果。

选中"图层"控制面板中要改变不透明度的图层，单击图层右侧的图标，将其定义为目标图层，在"透明度"控制面板的"不透明度"选项中调整不透明度的数值，此时的调整会影响到整个图层不透明度的设置，包括此图层中已有的对象和将来绘制的任何对象。

2．"透明度"控制面板的下拉菜单命令

单击"透明度"控制面板右上方的图标▤，弹出下拉菜单，如图 6-25 所示。

"建立不透明蒙版"命令可以将蒙版的不透明度设置应用到它所覆盖的所有对象中。

选择"释放不透明蒙版"命令，制作的不透明蒙版将被释放，对象恢复原来的效果。

选中制作的不透明蒙版，选择"停用不透明蒙版"命令，不透明蒙版被禁用。

选中制作的不透明蒙版，选择"取消链接不透明蒙版"命令，蒙版对象和被蒙版对象之间的链接关系被取消。"透明度"控制面板中，蒙版对象和被蒙版对象缩略图之间的链接符号▨不再显示。

3．"透明度"面板中的混合模式

在"透明度"控制面板中提供了 16 种混合模式，读者可以根据需要进行模式的选择，如图 6-26 所示。

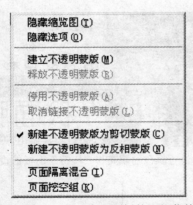

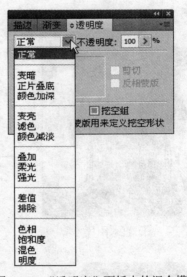

图 6-25　"透明度"面板的下拉菜单　　　　图 6-26　"透明度"面板中的混合模式

6.2　案例设计

6.2.1　案例：杂志封面设计

知识点提示：本节案例设计中主要介绍图层的使用、文本的输入与设计、椭圆形工具、混合选项的使用方法。

1．案例效果

使用图层、文本、椭圆形、混合选项等工具绘制矢量图案例——杂志封面设计的效果如图 6-27 所示。

图 6-27　杂志封面效果

2. 案例制作流程

使用图层、文本、椭圆形、混合选项等工具绘制矢量图——杂志封面设计案例的制作基本流程如图 6-28 所示。

① 置入图片

② 输入文本并进行颜色的填充与"字符"面板的设置

④ 将文字进行整体位置安排

③ 设计装饰图案

图 6-28　杂志封面绘制流程图

3．案例操作步骤

（1）执行"文件"→"新建"命令，新建 A4 大小的文档。选择"文件"→"置入"命令，选择一个适合杂志封面的背景文件，单击"置入"按钮，将图片置入到页面中。在属性栏中单击"嵌入"按钮，嵌入图片。选择选择工具，拖曳图片到适当的位置，效果如图 6-29 所示。

（2）选择直排文字工具，在页面中输入需要的文字，如图 6-30 所示。选择选择工具，在属性栏中选择合适的字体并设置文字大小，文字效果如图 6-31 所示。按 Ctrl+Shift+O 组合键将文字转换为轮廓，效果如图 6-32 所示。

图 6-29　置入图片

图 6-30　输入文字

图 6-31　将文字转换为轮廓

图 6-32　转换为轮廓后的效果

（3）选中"尚"字，将文字转换为文字图形，进行变形编辑，如图 6-33 所示。

图 6-33　描边设置

（4）选择"窗口"→"描边"命令，弹出"描边"控制面板，在"对齐描边"选项组中单击"使描边外侧对齐"按钮，同时将文字进行变形编辑，如图 6-34 所示和图 6-35 所示。

图 6-34 编辑文字

图 6-35 描边文字

（5）选择文字工具 T，在页面中输入需要的白色文字。在"字符"控制面板中，将 AV 设置为 40，文字效果如图 6-36 所示。选择"窗口"→"透明度"命令，弹出"透明度"控制面板，将"不透明度"选项设为 50，如图 6-37 所示，文字效果如图 6-38 所示。

图 6-36 输入文字

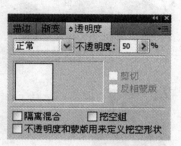

图 6-37 设置不透明度

图 6-38 更改透明度后的效果

（6）打开"图层"面板，单击"新建图层"按钮 新建一个图层，选择文字工具 T，在页面中输入需要的文字。选择选择工具，在属性栏中选择合适的字体并设置文字大小。在"字符"控制面板中选中"设置所选字符的字符间距调整"中选项进行设置，根据需要将文字填充颜色，取消选取状态，效果如图 6-39 和图 6-40 所示。

图 6-39 选择文字

图 6-40 填充黑色

（7）添加其他出版信息，方法同上。在输入新的文本时，可以建立新的图层，避免在进行文字调节时互相干扰，如图 6-41 所示。输入文本后的效果如图 6-42 所示。

图 6-41　新建图层

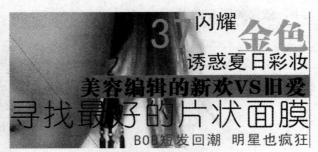

图 6-42　输入相关文本

（8）制作装饰圆环。选择椭圆形工具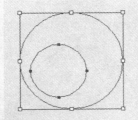，在按住 Shift 键的同时分别在页面中绘制两个圆形，如图 6-43 所示。选择选择工具，用圈选的方法将两个圆形同时选取，在"路径查找器"控制面板中单击"排除重叠形状区域"按钮（如图 6-44 所示）生成新的对象，再单击"扩展"按钮，效果如图 6-45 所示。

图 6-43　绘制圆形

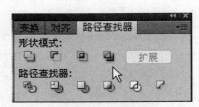

图 6-44　"路径查找器"面板

（9）设置填充色为黄色（其中 C、M、Y、K 的值分别为 0、0、100、0），填充图形并设置描边色为无，效果如图 6-46 所示。双击镜像工具，弹出"镜像"对话框，选项的设置如图 6-47 所示，单击"复制"按钮复制一个镜像图形，效果如图 6-48 所示。

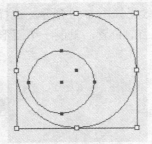

图 6-45　生成新的对象

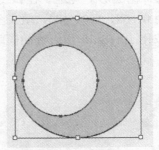

图 6-46　填充颜色

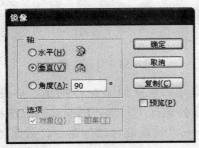

图 6-47　"镜像"对话框

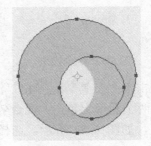

图 6-48　复制对象

（10）选择选择工具 ，拖曳镜像图形到适当的位置并调整其大小，效果如图 6-49 所示。用圈选的方法将需要的图形同时选取，按 Ctrl+G 组合键将其编组，拖曳编辑图形到适当的位置并调整其大小，效果如图 6-50 所示。

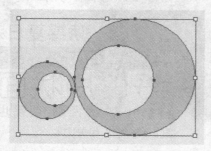

图 6-49　调整大小位置

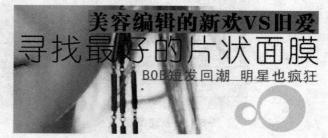

图 6-50　放置在图像内

（11）绘制栏目名称装饰图案。选择椭圆形工具 在页面中绘制椭圆形，如图 6-51 所示。选择添加锚点工具 ，分别在椭圆形的左侧和右侧单击添加锚点。选择选择工具 ，用圈选的方法选取需要的节点，按 Delete 键将其删除，效果如图 6-52 所示。

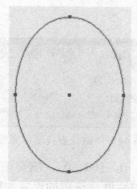

图 6-51　绘制椭圆

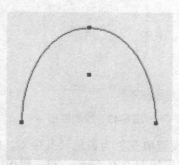

图 6-52　删除节点

（12）选择椭圆形工具 ，在弧线的上方绘制一个圆形，设置填充色为橘黄色（其中 C、M、Y、K 的值分别为 0、68、100、14），填充图形并设置描边色为无，效果如图 6-53 所示。选择选择工具 选中图形，按住 Alt+Shift 组合键的同时水平向右拖曳图形到适当的位置，复制一个图形，如图 6-54 所示。

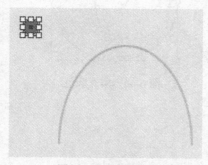

图 6-53　绘制圆形

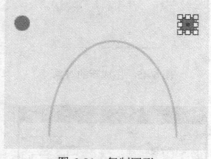

图 6-54　复制圆形

（13）双击混合工具 ，弹出"混合选项"对话框，选项的设置如图 6-55 所示，单击"确定"按钮，分别在两个图形上单击，混合效果如图 6-56 所示。选择选择工具 ，用圈选的方法将需要的图形同时选取，如图 6-57 所示。选择"对象"→"混合"→"替换混合轴"命令，效果如图 6-58 所示。

图 6-55　"混合选项"对话框

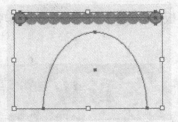

图 6-56　混合效果

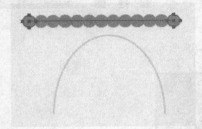

图 6-57　同时选取需要的图形

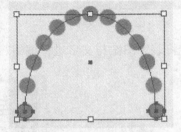

图 6-58　替换混合轴效果

（14）选择星形工具 ☆ 并在页面中单击，弹出"星形"对话框，选项的设置如图 6-59 所示。设置填充色为橘黄色（其中 C、M、Y、K 的值分别为 0、68、100、14），填充图形并设置描边色为无，效果如图 6-60 所示。

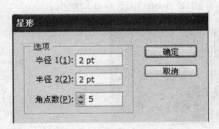

图 6-59　"星形"对话框

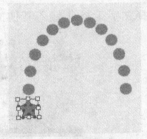

图 6-60　绘制星形

（15）选择选择工具 ▶，拖曳星形到适当的位置，选中星形，按住 Alt 键的同时拖曳星形到适当的位置复制一个星形，如图 6-61 所示。用圈选的方法将需要的图形同时选取，按 Ctrl+G 组合键将其编组，如图 6-62 所示。拖曳编组图形到适当的位置，调整大小并旋转到适当的角度。

图 6-61　复制星形

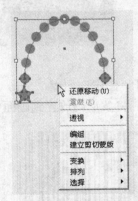

图 6-62　调整位置

（16）选择文字工具 T，在页面中输入需要的文字。选择选择工具 ▶，在属性栏中选择合适的字体并设置文字大小，设置文字填充所需要的颜色。按 Ctrl+Shift+O 组合键将文字转换为轮廓。在"描边"控制面板中,单击"对齐描边"选项组中的"使描边外侧对齐"按钮□,文字效果如图 6-63 和 6-64 所示。

图 6-63 文本描边

图 6-64 文本描边

(17)将装饰图案与文字进行编组、排列,效果如图 6-65 所示。

图 6-65 文字图形排列

(18)选择文字工具□输入其他文字,组合排列,效果如图 6-66 和图 6-67 所示。

图 6-66 文本输入与设计

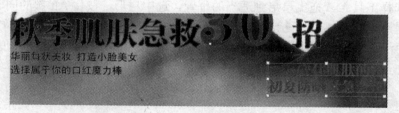
图 6-67 文本输入与设计

(19)打开"图层"面板,单击"新建图层"按钮□新建一个图层,使用矩形工具制作条形码,如图 6-68 所示。将条形码放置到画面中,效果如图 6-69 所示。

图 6-68 设计条形码

图 6-69 条形码置入画面

（20）杂志封面设计完成（如图 6-70 所示），读者还可以根据自己的喜好将封面的设计色彩进行搭配，对文字的处理进行个性化设计。按 Ctrl+S 组合键，弹出"存储为"对话框，将其命名为"杂志封面"，保存为 AI 格式，单击"保存"按钮将文件保存。

图 6-70　完成效果

6.2.2　案例：制作杂志内页

知识点提示：本节案例设计中主要介绍文字工具、镜像工具、建立不透明蒙版、椭圆形工具和路径文字工具的使用方法。

1. 案例效果

使用文字工具、镜像工具、建立不透明蒙版、椭圆形工具和路径文字工具绘制矢量图案例——杂志内页设计的效果如图 6-71 所示。

图 6-71　设计效果

2. 案例制作流程

使用文字工具、镜像工具、建立不透明蒙版、椭圆形工具和路径文字工具绘制矢量图案例的制作基本流程如图 6-72 所示。

① 置入图片并输入标题　　　　　　　　② 输入文本

④ 将图片与文字进行最后调整　　　　　　③ 置入图片与文字设计

图 6-72　杂志内页绘制流程图

3. 案例操作步骤

（1）单击"文件"→"新建"命令，新建 A4 大小的文档。选择"文件"→"置入"命令，选择文字工具 ⊤，在页面中输入需要的文字。选择选择工具 ，在属性栏中选择合适的字体并设置文字大小。按 Ctrl+T 组合键，弹出"字符"控制面板，调整参数，如图 6-73 所示。双击镜像工具 ，弹出"镜像"对话框，选项的设置如图 6-74 所示，单击"复制"按钮，效果如图 6-75 所示。

图 6-73　输入文本

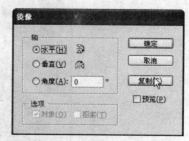

图 6-74　"镜像"对话框

（2）选择"窗口"→"透明度"命令，弹出"透明度"控制面板，单击右上方的图标 ，在弹出的下拉菜单中选择"建立不透明蒙版"命令，取消对"剪切"复选框的勾选并单击"编辑不透明蒙版"缩览图，如图 6-76 所示。

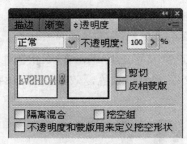

图 6-75　镜像效果　　　　　　　　　　　图 6-76　编辑不透明蒙版

（3）选择矩形工具 ，在镜像的文字上绘制一个矩形。双击渐变工具 ，弹出"渐变"控制面板，将渐变色设为从白色到黑色，其他选项的设置如图 6-77 所示，在矩形上由上至下拖曳渐变建立半透明效果，如图 6-78 所示。在"透明度"控制面板中，单击"停止编辑不透明蒙版"缩览图，如图 6-79 所示，效果如图 6-80 所示。

图 6-77　"渐变"面板　　　　　　　　　　图 6-78　编辑蒙版

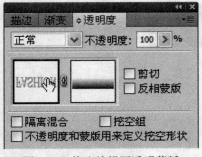

图 6-79　停止编辑不透明蒙版　　　　　　图 6-80　蒙版效果

（4）选择文字工具 ，在页面中输入需要的文字。选择选择工具 ，在属性栏中选择合适的字体并设置文字大小与颜色，效果如图 6-81 所示。按 Ctrl+Shift+O 组合键将文字转换为轮廓，将文字进行编辑，效果如图 6-82 所示。

图 6-81　输入文字　　　　　　　　　　　图 6-82　编辑文字

（5）填充文字描边。选择"窗口"→"描边"命令，弹出"描边"控制面板，在"对齐描边"选项组中单击"使描边外侧对齐"按钮，文字效果如图 6-83 所示。

（6）选择文字工具，在页面中输入需要的文字。选择选择工具，在属性栏中选择合适的字体并设置文字大小与颜色，效果如图 6-84 所示。

图 6-83　描边文字　　　　　　　　　　　　　图 6-84　输入文本并设置大小和颜色

（7）添加并编辑图片。选择"文件"→"置入"命令，选择一个合适的文件，单击"置入"按钮将图片置入到页面中。在属性栏中单击"嵌入"按钮嵌入图片。选择选择工具，拖曳图片到适当的位置并调整其大小，效果如图 6-85 所示。选择矩形工具，在图片上适当的位置绘制一个矩形，如图 6-86 所示。

图 6-85　置入图像　　　　　　　　　　　　　　图 6-86　嵌入图像

（8）选择文字工具，在页面中输入需要的文字。选择选择工具，在属性栏中选择合适的字体并设置文字大小与颜色，效果如图 6-87 所示。

（9）按 Ctrl+Shift+O 组合键将文字转换为轮廓，对文字进行编辑，设置文字填充色为红色，设置描边色为黄色，填充文字描边，并在"对齐描边"选项组中单击"使描边外侧对齐"按钮，文字效果如图 6-88 所示。

图 6-87　输入文字并设置大小和颜色　　　　　　图 6-88　文字效果

（10）选择"效果"→"变形"→"弧形"命令，在弹出的对话框中进行设置，如图 6-89 所示，单击"确定"按钮，效果如图 6-90 所示。

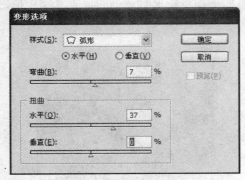

图 6-89　"变形选项"对话框

图 6-90　文字变形效果

（11）选择文字工具 T，拖曳出一个文本框，在属性栏中选择合适的字体并设置文字大小，然后在文本框中输入需要的文字。选择选择工具，在"字符"控制面板中设置文字，文字效果如图 6-91 所示。

（12）选择选择工具，拖曳文本框到适当的位置并调整其大小，在页面的适当位置单击，拖拽文本框到适当的位置松开鼠标，效果如图 6-92 所示。

图 6-91　输入文本

图 6-92　调整文本框位置

（13）选择"文件"→"置入"命令，选择一个合适的文件，单击"置入"按钮将图片置入到页面中。在属性栏中单击"嵌入"按钮嵌入图片。选择选择工具，拖拽图片到适当的位置并调整其大小，效果如图 6-93 所示。

图 6-93　置入图片并调整位置和大小

（14）选择矩形工具□在图片上绘制一个矩形，选择选择工具▲选中矩形，按住 Alt+Shift 组合键的同时水平向右拖曳矩形到适当的位置，复制一个矩形，如图 6-94 所示。按住 Shift 键的同时单击需要的图形选中图形，按住 Alt+Shift 组合键的同时垂直向下拖曳矩形到适当的位置复制矩形，效果如图 6-95 所示。

图 6-94　复制矩形

图 6-95　复制矩形

（15）选择选择工具▲，按住 Shift 键的同时单击矩形将其同时选取，在图形内部右击并在弹出的快捷菜单中选择"建立复合路径"命令，效果如图 6-96 所示。按住 Shift 键的同时单击下方的图片，将其同时选取，按 Ctrl+7 组合键建立剪切蒙版，效果如图 6-97 所示。

图 6-96　建立复合路径

图 6-97　建立剪切蒙版

（16）选择直线段工具＼，按住 Shift 键的同时在适当的位置绘制一条直线，并在属性栏中将"描边粗细"选项设为 1，如图 6-98 所示。选择直排文字工具Ｔ，在页面中输入需要的文字。选择选择工具▲，在属性栏中选择合适的字体并设置文字大小，设置文字填充色为橘红色，填充文字，效果如图 6-99 所示。

图 6-98　绘制直线

图 6-99　输入文字并设置后的效果

（17）选择椭圆形工具 ，按住 Shift 键的同时在适当的位置绘制一个圆形，设置填充色为黄色，填充图形，并设置描边色为无，效果如图 6-100 所示。选择选择工具 选中圆形，按住 Alt+Shift 组合键的同时垂直向下拖曳鼠标到适当的位置，复制图形，如图 6-101 所示。连续按 Ctrl+D 组合键复制出多个需要的图形，效果如图 6-102 所示。

图 6-100　绘制圆形　　　　图 6-101　复制圆形　　　　图 6-102　复制圆形

（18）选择直排文字工具 ，在页面中输入需要的白色文字。选择选择工具 ，在属性栏中选择合适的字体并设置文字大小。在"字符"控制面板中将"设置所选字符的字符间距调整"选项设置为 180。选择矩形工具 ，在适当的位置绘制一个矩形，设置填充色为灰色。

（19）选择"文件"→"置入"命令，选择图片，单击"置入"按钮将图片置入到页面中。在属性栏中单击"嵌入"按钮嵌入图片。选择选择工具 ，拖拽图片到适当的位置并调整其大小，效果如图 6-103 所示。

图 6-103　输入直排文字

（20）添加图片和介绍性文字，单击"置入"按钮将图片置入到页面中。在属性栏中单击"嵌入"按钮嵌入图片。选择选择工具 ，拖拽图片到适当的位置并调整其大小。选择钢笔工具 ，在适当的位置绘制一个图形，选择该图形并填充颜色，效果如图 6-104 所示。

（21）选择矩形工具▢在适当的位置绘制一个矩形，设置填充色为灰色，在灰色矩形上输入标题与文字。选择文字工具Ⓣ，拖曳出一个文本框，在"字符"控制面板中设置文字，文字效果如图6-105所示。

图 6-104 绘制图形

图 6-105 输入文本并设置

（22）选择椭圆形工具◯在适当的位置绘制一个椭圆形，如图6-106所示。选择路径文字工具↘，将鼠标拖曳到椭圆形的适当位置，单击鼠标插入光标，输入需要的文字，在"字符"控制面板中进行调整，设置填充色为绿色，效果如图6-107所示。

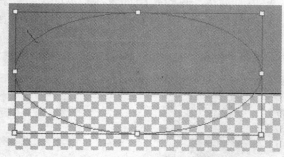

图 6-106 绘制圆形路径

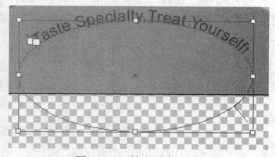

图 6-107 输入路径文本

（23）选择文字工具Ⓣ，在属性栏中选择合适的字体并设置文字大小，然后输入需要的文字。选择选择工具▶，在"字符"控制面板中设置文字，文字效果如图6-108所示。

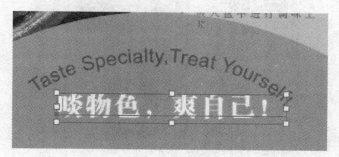

图 6-108 输入文本

（24）饮食栏目杂志内页制作完成，效果如图6-109所示。按Ctrl+S组合键，弹出"存储为"对话框，将其命名为"饮食栏目"，保存为AI格式，单击"保存"按钮将文件保存。

图 6-109　完成效果

6.2.3　案例：网页设计

知识点提示：本节案例设计中主要介绍"图层"面板、矩形工具、渐变工具、文字工具、直线工具的使用方法。

1. 案例效果

综合使用"图层"面板、矩形工具、渐变工具、文字工具、直线工具等绘制矢量图——网页设计案例的效果如图 6-110 所示。

图 6-110　网页设计效果

2. 案例制作流程

综合使用"图层"面板、矩形工具、渐变工具、文字工具、直线工具等绘制矢量图——网页设计案例的制作基本流程如图 6-111 所示。

① 置入所需图片

② 设计文本内容

④ 调整页面各项内容完成设计

③ 输入标志名称

图 6-111 网页制作流程图

3. 案例操作步骤

（1）单击"文件"→"新建"命令，新建横向 A4 大小的文档。单击渐变工具 填充渐变色，设置如图 6-112 所示，效果如图 6-113 所示。

图 6-112 "渐变"面板

图 6-113 渐变效果

（2）单击"置入"按钮将图片置入到页面中。在属性栏中单击"嵌入"按钮嵌入网页图片。选择选择工具 ，拖拽图片到适当的位置并调整其大小，如图 6-114 和图 6-115 所示。

图 6-114 置入背景图片

图 6-115 置入人物图片

（3）设计网页页眉装饰。选择直线段工具 ＼，按住 Shift 键的同时在适当的位置绘制一条 45°的短直线，并在属性栏中将"描边粗细"选项设为 1，如图 6-116 所示。选择选择工具 ▶ 选中直线，按住 Alt+Shift 组合键的同时水平拖曳鼠标到适当的位置，复制图形，如图 6-117 所示。连续按 Ctrl+D 组合键复制出多个需要的图形，效果如图 6-118 所示。页面效果如图 6-119 所示。

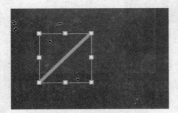

图 6-116　绘制直线

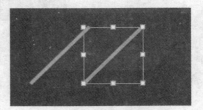

图 6-117　复制直线

图 6-118　复制直线

图 6-119　页面效果

（4）在页面右上角输入文字。选择文字工具 T，在属性栏中选择合适的字体并设置文字大小，然后输入需要的文字。选择选择工具 ▶，在"字符"控制面板中设置文字，文字效果如图 6-120 所示。

图 6-120　输入文本并设置后的效果

（5）设置网页文本内容。选择矩形工具 ▢，在适当的位置绘制一个矩形，设置填充色为黑色，如图 6-121 所示；在矩形内添加产品标志和产品名称，效果如图 6-122 和图 6-123 所示。

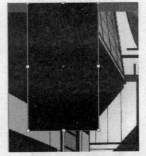

图 6-121　绘制矩形并填充颜色

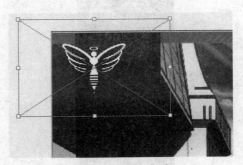

图 6-122　置入标志

图 6-123　置入产品名称

（6）按 Ctrl+Shift+O 组合键将文字转换为轮廓，对文字进行编辑，选择"效果"→"变形"→"弧形"命令，在弹出的对话框中进行设置，如图 6-124 所示，单击"确定"按钮，效果如图 6-125 所示。

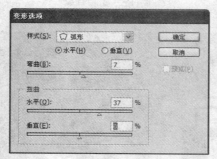

图 6-124　"变形选项"对话框

图 6-125　文字变形

（7）选择直线段工具 ，按住 Shift 键的同时在适当的位置绘制一条直线，并在属性栏中将"描边粗细"选项设为 1，颜色设为灰色；按住 Alt+Shift 组合键的同时垂直拖曳鼠标到适当的位置，复制图形，如图 6-126 所示。连续按 Ctrl+D 组合键复制出多个需要的图形，效果如图 6-127 所示。

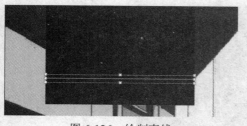

图 6-126　绘制直线

图 6-127　复制直线

（8）选择文字工具 T，在属性栏中选择合适的字体并设置文字大小，然后在刚刚绘制的直线上输入需要的文字，如图 6-128 所示。选择选择工具 ，在"字符"控制面板中设置文字，文字效果如图 6-129 所示。

图 6-128　输入文本

图 6-129　调整文本

（9）选择矩形工具 ▢ 在适当的位置绘制一个矩形，设置填充色为灰色，在灰色矩形上输入文字。选择文字工具 T，拖曳出一个文本框并输入需要的文字，在"字符"控制面板中设置文字，文字效果如图 6-130 所示。

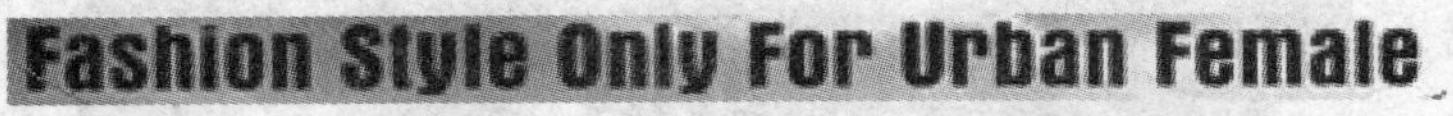

Fashion Style Only For Urban Female

图 6-130　输入文本并设置后的效果

（10）选择文字工具 T，拖曳出一个文本框并输入需要的文字，在"字符"控制面板中设置文字，文字效果如图 6-131 所示。填充文字描边。选择"窗口"→"描边"命令，弹出"描边"控制面板，在"对齐描边"选项组中单击"使描边外侧对齐"按钮 ▣，文字效果如图 6-132 所示。

图 6-131　输入文本

图 6-132　文本描边

（11）输入其他文本，效果如图 6-133 所示。

图 6-133　输入文本

（12）设计网页页脚，在页面左下角输入文字，效果如图 6-134 所示。

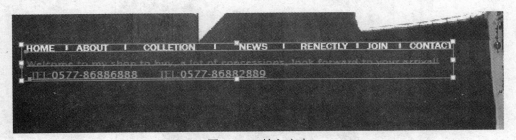
图 6-134　输入文本

（13）网页页面制作完成，效果如图 6-135 所示。按 Ctrl+S 组合键，弹出"存储为"对话框，将其命名为"网页设计"，保存为 AI 格式，单击"保存"按钮将文件保存。

图 135 网页设计完成效果

6.3 本章小结

本章主要讲述了图层、蒙版、色板、透明度等面板的使用方法。通过 3 个案例的具体绘制，让读者对 Illustrator CS5 软件中的图层、蒙版的使用方法有了一个较为深入的了解。

6.4 拓展练习

综合运用基本绘图工具、填充与描边工具、文字工具等绘制一个少儿读物的封面，效果如图 6-136 所示。

图 6-136 少儿读物的封面

6.5 作业

一、选择题

1. "窗口" → "图层" 命令的快捷键为（　　）。

　　A．F5　　　　　　　　B．F6　　　　　　　　C．F7

2. 在 "透明度" 控制面板中提供了（　　）种混合模式。

　　A．13　　　　　　　　B．16　　　　　　　　C．15

3. 如果想在当前图层上新建一个图层，应选择（　　）。

　　A．删除选择工具　　　B．新建图层工具　　　C．新子图层工具

二、简答题

如何使用 "透明度" 面板修改对象或图层的透明度属性？

第7章 符号、图表、混合和网格的应用与案例设计

学习目的

Illustrator CS5 作为矢量绘图软件,不仅具有强大的绘图功能,对文字和数据也有一定的处理功能。可以根据数据生成各种图表,帮助设计者顺利完成设计任务。在本章中,将介绍符号工具、图表工具、混合工具、网格工具的使用方法和操作技巧。

7.1 相关知识

本节中主要讲解 Illustrator CS5 中符号工具、图表工具、混合工具、网格工具的操作方法。通过学习和实践这些工具的操作技巧来创建和绘制比较复杂的矢量图形,在案例绘制过程中进一步体会这些工具的使用方法。

1. 认识符号工具

符号是在绘制时可以重复的图稿对象。Illustrator CS5 软件中自带了很多种类的符号样本,都保存在"符号"面板中。除了默认的符号样本外,软件中还提供了很多预设符号库,这些符号库中存有大量符号样本。同时还可以将创建的图形定义为符号样本并添加到"符号"面板中。选择需要的符号样本后,只需要用符号喷枪工具即可在文档中创建符号集图形。

2. 认识图表工具

Illustrator CS5 软件中提供了 9 个不同的绘制图表工具,根据数据创建图表后,还可以对图表进行相应的编辑,可定义图表的坐标轴、为图表添加相应的图例说明等。9 个图表工具分别为柱形图工具、堆积柱形图工具、条形图工具、堆积条形图工具、折线图工具、面积图工具、散点图工具、饼图工具、雷达图工具。

3. 认识混合工具

混合是指在单个或多个图形之间生成一系列的中间对象,使之产生从图形到颜色的全面混合。用于创建混合的对象可以是图形,也可以是路径,还可以是应用渐变或图案填充的对象。在"混合选项"对话框中对混合进行设置。

4. 认识网格工具

利用网格工具可以将一个填充了颜色的单纯图形调整为多种颜色填充的效果。通过在绘制图形路径上单击来添加网格,并选择网格上的锚点进行着色。使用网格工具可以添加突出显示、阴影和三维效果。要添加网格,可以直接使用网格工具在对象上单击,所单击的点为纵向线和横向线的交叉点。单击图形任意一点即可添加新的交叉点,通过多次单击则添加了更多的网格。

以上各种工具的作用如表 7-1 所示。

表 7-1 各种工具的作用

工具	作用
符号位移器工具	用于调整符号对象的位置
符号紧缩器工具	用于调整图形中符号对象的密度和符号集中部分图形的密度
符号缩放器工具	可以根据设计的需要对符号对象进行适当的放大和缩小
符号旋转器工具	用于旋转符号对象,使其改变一定的角度

工具	作用
符号着色器工具	用于改变符号对象的颜色
符号滤色器工具	用于改变符号集中符号图形的透明度
符号样式器工具	可以结合"图形样式"面板使用，为符号添加各种不同的图形样式效果
柱形图工具	创建的图表以垂直柱形来表示数值
堆积柱形图工具	创建的图表与柱形图类似，但是它将柱形堆积起来，而不是互相并列
条形图工具	创建的图表与柱形图类似，但该工具使用水平放置条形而不是垂直放置柱形
堆积条形图工具	创建的图表与条形图类似，但是它将条形堆积起来，而不是互相排列
折线图工具	创建的图表使用点来表示一组或多组数值，并且对每组中的点都采用不同的线段来连接
面积图工具	创建的图表与折线图类似，但该工具创建的图表是将折线连接起来并填充
散点图工具	创建的图表沿 x 轴和 y 轴将数据点作为成对的坐标组进行绘制
饼图工具	创建圆形图表，它可以表示所比较的数值的相对比例
雷达图工具	创建的图表可在某一特定时间点或特定类别上比较数值组，并以圆形格式表示
网格工具	可以将一个填充了颜色的单纯图形调整为多种颜色填充的效果
混合工具	在单个或多个图形之间生成一系列的中间对象，使之产生从形状到颜色的全面混合

7.2　案例设计

7.2.1　案例：彩虹桥

知识点提示：本案例设计中主要讲述"符号"面板、符号位移器工具、符号紧缩工具、符号缩放工具、符号旋转工具、符号着色器工具、符号滤色器工具、符号样式器工具等的相关知识。

1．案例效果

使用 Illustrator CS5 矢量图软件进行绘图时，软件自身为了设计方便，夹带了很多已经绘制好的符号样本，设计者可以利用"符号"面板中的样本将原有的背景图形变得更加丰富。同时还会介绍创建符号样本和保存更多符号样本的方法，以及符号工具中各个隐藏工具的使用方法和技巧。如图 7-1 所示是利用符号的有关知识完成的案例设计——彩虹桥。

图 7-1　彩虹桥案例效果

2. 案例制作流程

使用符号工具和"符号"面板绘制矢量图——彩虹桥案例的基本流程如图 7-2 所示。

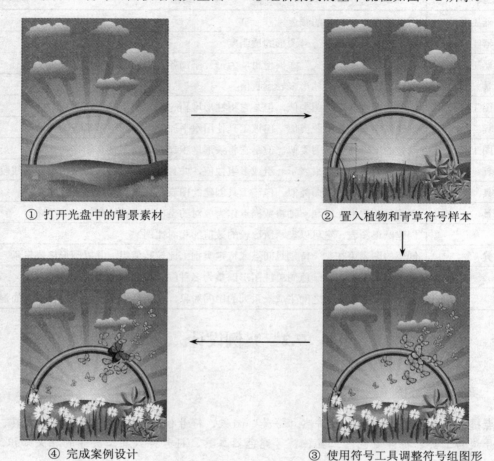

① 打开光盘中的背景素材　　　　　　　② 置入植物和青草符号样本

④ 完成案例设计　　　　　　　③ 使用符号工具调整符号组图形

图 7-2　彩虹桥绘制流程图

3. 案例操作步骤

（1）执行"文件"→"打开"命令，打开本书附带光盘\第 7 章图片\第 7 章案例 01\风景-彩虹素材.eps 文件，如图 7-3 所示。执行"窗口"→"符号"命令，打开"符号"面板，如图 7-4 所示。单击面板左下角的"符号菜单"按钮 ，打开符号库，如图 7-5 所示。

图 7-3　打开素材图形

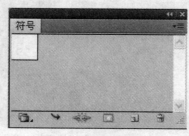

图 7-4　"符号"面板

图 7-5　符号面板菜单

（2）选择"符号"菜单中的"自然"选项，打开"自然"符号库面板，如图 7-6 所示。如果对选择的符号库中的符号样本不满意，可以单击该面板底部的 ◄ 按钮或 ► 按钮来更换符号样本。找到适合添加到背景素材里的符号样本后单击该符号样本，将其拖入到"符号"面板中将符号样本添加到"符号"面板中，如图 7-7 所示。

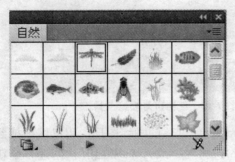
图 7-6 "自然"符号面板

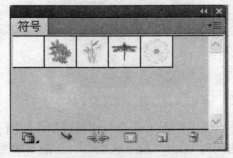
图 7-7 将选好的符号样本添加在"符号"面板中

（3）选择"植物 2"符号样本 添加到"符号"面板中，单击"符号"面板下方的 按钮置入符号案例，调整位置和大小，如图 7-8 所示。同样的方法将"草地 4"符号样本 添加后置入案例中，调整位置和大小，如图 7-9 所示。置入"草地 3"符号样本，如图 7-10 所示。

图 7-8 置入植物 2 符号样本

图 7-9 置入草地 4 符号样本

图 7-10 置入草地 3 符号样本

（4）选择"花卉"符号库中的"雏菊"符号样本并置入到案例中，如图 7-11 所示。选择符号喷枪工具 ，将鼠标在选定的图形位置拖动，可以喷射出多个"雏菊"样本图形。按"["或"]"键可以调整喷枪的直径大小，效果如图 7-12 所示。

图 7-11 置入雏菊符号样本

图 7-12 使用符号喷枪工具

（5）使用钢笔工具绘制蝴蝶图形，如图 7-13 所示。选择新创建的蝴蝶图形，用鼠标拖拽到"符号"面板中，弹出"符号选项"对话框（如图 7-14 所示），将名称改为"蝴蝶新"，创建一个新的符号样本。单击"蝴蝶新"符号样本，选择符号喷枪工具，在案例中拖动鼠标，如图 7-15 所示。选择符号位移器工具，在一群蝴蝶的位置拖动鼠标调整蝴蝶的位置，如图 7-16 所示。

图 7-13 使用钢笔工具绘制蝴蝶图形

图 7-14 "符号选项"对话框

图 7-15 使用符号喷枪工具

图 7-16 使用符号位移器工具调整位置

（6）选择符号紧缩器工具，将鼠标在蝴蝶符号组位置拖动调整蝴蝶飞行的密度，如图 7-17 所示。选择符号缩放器工具，在选好的蝴蝶组位置拖动鼠标可以放大直径范围内的蝴蝶样本图形，按住 Alt 键拖动可以缩小蝴蝶样本图形，如图 7-18 所示。

（7）选择符号旋转器工具调整蝴蝶符号组中各个蝴蝶的飞行方向，如图 7-19 所示。在"色板"面板中任意选择一种颜色，然后选择符号着色器工具，将鼠标放在选好的蝴蝶符号组的位置单击，蝴蝶符号就会更改颜色，如图 7-20 所示。

图 7-17　使用符号紧缩器工具

图 7-18　使用符号缩放器工具

图 7-19　使用符号旋转器工具

图 7-20　使用符号着色器工具

（8）选择符号滤色器工具 ，在较小的蝴蝶图形上单击，蝴蝶图形就会出现透明效果，为多个蝴蝶图形添加滤色效果，增加蝴蝶组的空间感，如图 7-21 所示。

图 7-21　使用符号滤色器工具

（9）执行"窗口"→"图形样式"命令打开"图形样式"面板，如图 7-22 所示。单击面板下方的"图形样式库菜单"按钮 ，如图 7-23 所示。选择"3D 效果"选项，打开"3D 效果"样式库，如图 7-24 所示。选择 3D 效果的第 9 个，拖入"图形样式"面板中，如图 7-25 所示。选择符号样式器工具 ，在蝴蝶符号组中的合适位置单击为符号添加样式效果，完成整个案例设计，如图 7-26 和图 7-27 所示。

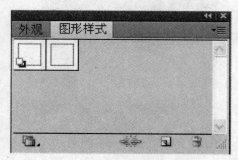

图 7-22 "图形样式"面板

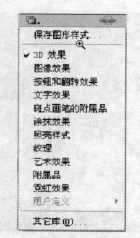

图 7-23 图形样式库菜单

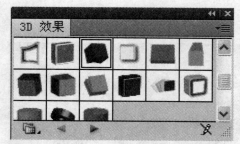

图 7-24 3D 效果样式库

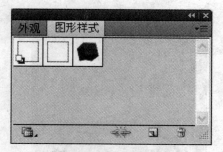

图 7-25 添加图形样式

图 7-26 为蝴蝶添加样式效果

图 7-27 完成案例设计

7.2.2 案例：销售业绩图表

知识点提示：本案例设计中主要讲述 Illustrator CS5 矢量图软件中关于图表工具的使用技巧，包括柱形图工具、堆积柱形图工具、条形图工具、堆积条形图工具、折线图工具、面积图工具、散点图工具、饼形图工具、雷达图工具。

1. 案例效果

工具箱中默认的图表工具有 9 种，我们使用不同的图表工具可以创建不同的图表形式。如图 7-28 所示是利用图表工具绘制的案例效果——销售业绩图表。

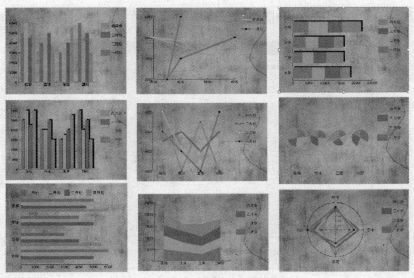

图 7-28　销售业绩图表

2. 案例制作流程

使用柱形图工具、堆积柱形图工具、条形图工具、堆积条形图工具、折线图工具、面积图工具、散点图工具、饼形图工具、雷达图工具来创建各种图表案例——销售业绩图表的基本流程如图 7-29 所示。

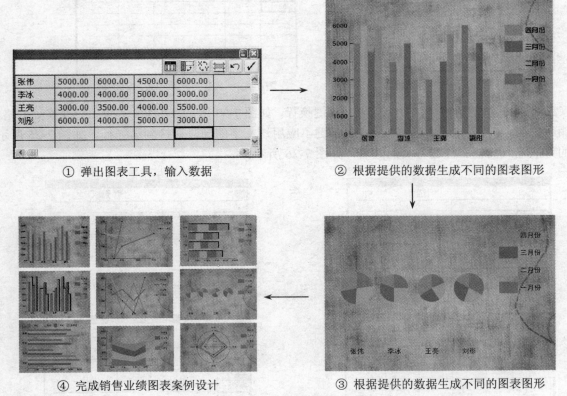

① 弹出图表工具，输入数据　　　② 根据提供的数据生成不同的图表图形

④ 完成销售业绩图表案例设计　　　③ 根据提供的数据生成不同的图表图形

图 7-29　销售业绩图表绘制流程图

3. 案例操作步骤

（1）执行"文件"→"新建"命令创建一个矢量图文档，如图 7-30 所示。选择柱形图工具 ，在文档内的任意位置单击，弹出"图表"对话框，输入相应数值，如图 7-31 所示。单击"确定"按

钮，弹出"图表数据输入"对话框，如图 7-32 所示。

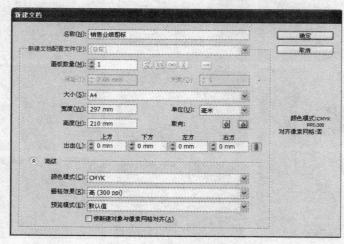

图 7-30　创建矢量图文档

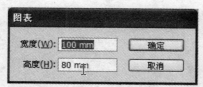

图 7-31　"图表"对话框

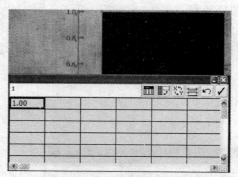

图 7-32　"图表数据输入"对话框

（2）除去默认的数字"1"并按下 Enter 键换行，如图 7-33 所示。在第一列第二行交叉处的格中输入相应姓名，如图 7-34 所示，按下 Enter 键，应用该文字的同时切换到第三行，如图 7-35 所示。同样的方法输入其他三位业务员的姓名，如图 7-36 所示。

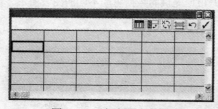

图 7-33　清除图表数据

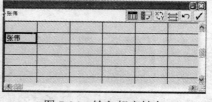

图 7-34　输入相应姓名

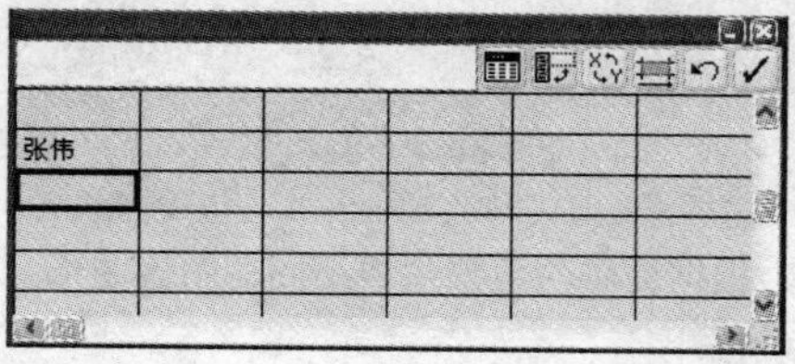

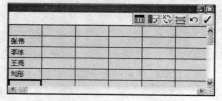

图 7-35　输入姓名后换行

图 7-36　输入其他业务员姓名

（3）在第一行表格中从第二列开始按照同样的方法输入月份，如图 7-37 所示。同样的方法在姓名和月份表格交叉位置输入相应数字，如图 7-38 所示。

	一月份	二月份	三月份	四月份
张伟				
李冰				
王亮				
刘彤				

图 7-37　输入月份

张伟	5000.00	6000.00	4500.00	6000.00
李冰	4000.00	4000.00	5000.00	4000.00
王亮	3000.00	3500.00	4000.00	5500.00
刘彤	6000.00	4000.00	5000.00	3000.00

图 7-38　输入数字

（4）完成设置后单击"图表数据输入"对话框右上角的"应用"按钮✓应用当前的设置，然后关闭对话框，如图 7-39 所示。设置填充色为红色，如图 7-40 所示。选择编组选择工具 ，分别选择 4 个业务员的一月份业绩图形，将一月份的图形改为红色，如图 7-41 所示。同样的方法，将其他月份的销售业绩图形分别更改颜色，如图 7-42 所示。

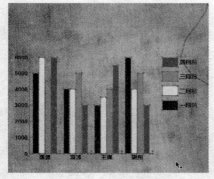

图 7-39　生成柱形图表

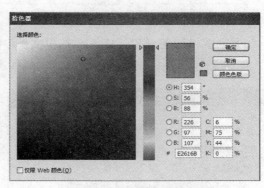

图 7-40　设置填充颜色

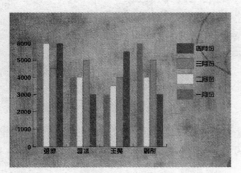

图 7-41　更改一月份图表颜色

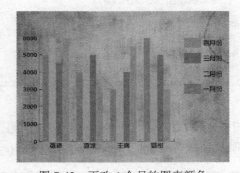

图 7-42　更改 4 个月的图表颜色

（5）选择选择工具 选择图表，然后双击堆积柱形图工具 ，在弹出的"图表类型"对话框中勾选"添加投影"复选项，如图 7-43 和图 7-44 所示。选择条形图工具 并双击，弹出"图表类型"对话框，勾选"在顶部添加图例"复选项，如图 7-45 所示，生成的条形图表如图 7-46 所示。

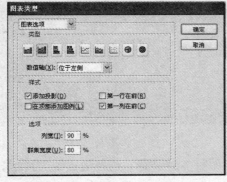

图 7-43　"图表类型"对话框

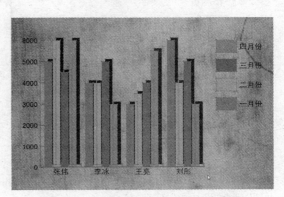

图 7-44　生成堆积柱形图表并添加投影

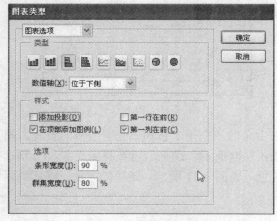

图 7-45 "图表类型"对话框

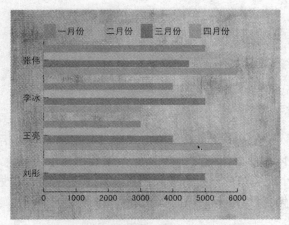

图 7-46 生成条形图表，去掉投影并在上方显示图例

（6）选择堆积条形图工具 ，选择文档中的图表，双击堆积条形图工具，弹出"图表类型"对话框，如图 7-47 所示。生成的堆积条形图表如图 7-48 所示。

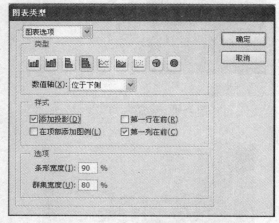

图 7-47 "图表类型"对话框

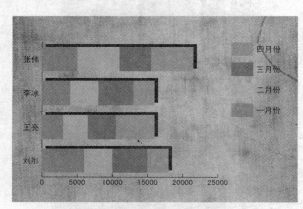

图 7-48 生成堆积条形图表

（7）选择折线图工具 ，选择文档中的图表，双击折线图工具，弹出"图表类型"对话框，勾选"绘制填充线"复选项，将"线宽"改为 3pt，如图 7-49 所示。生成的折线图表形式如图 7-50 所示。

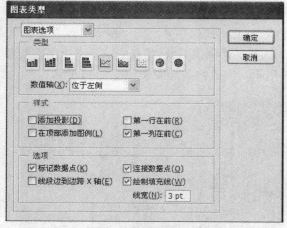

图 7-49 "图表类型"对话框

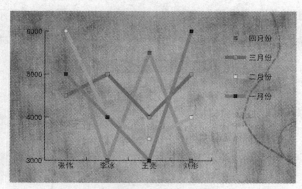

图 7-50 生成折线图表

（8）选择面积图工具 ，同样的方法生成面积图表，如图 7-51 所示。选择散点图工具 ，生成散点图图表如图 7-52 所示。

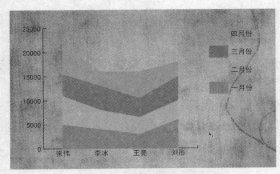

图 7-51　生成面积图图表

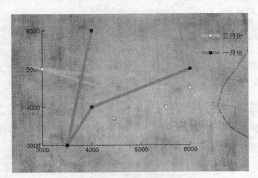

图 7-52　生成散点图图表

（9）选择饼形图工具 ，同样的方法生成饼形图图表，如图 7-53 所示。选择雷达图工具 ，生成的雷达图图表如图 7-54 所示。

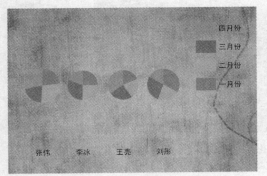

图 7-53　生成饼形图图表

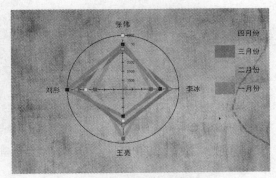

图 7-54　生成雷达图图表

（10）调整各个图表的位置和大小，完成整个案例的设计，如图 7-55 所示。

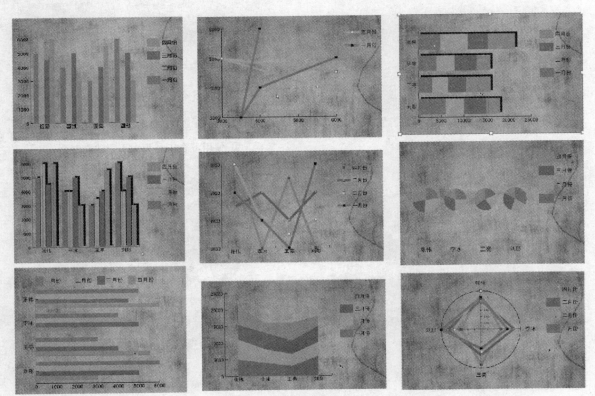

图 7-55　完整销售业绩图表案例的绘制

7.2.3　案例：跳动的花儿

知识点提示： 本案例设计中主要讲述混合工具的使用方法和技巧及相关知识。

1. 案例效果

混合工具是矢量图软件中经常使用的工具之一，使用混合工具可以在单个或多个图形之间生成一系列的中间对象，使之产生形状和颜色的全面混合。如图 7-56 所示是使用混合工具完成的案例设计——跳动的花儿。

图 7-56　跳动的花儿效果

2. 案例制作流程

使用混合工具绘制矢量图形——跳动的花儿的基本流程如图 7-57 所示。

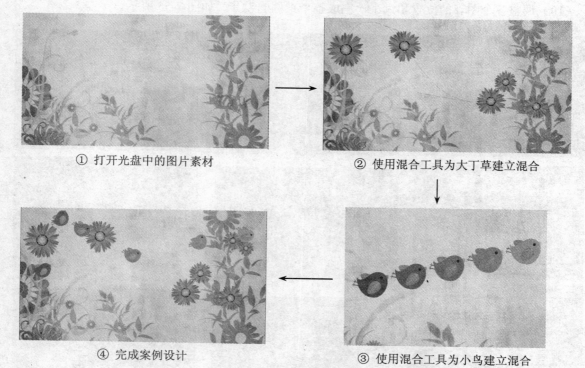

① 打开光盘中的图片素材　　　　　　② 使用混合工具为大丁草建立混合

④ 完成案例设计　　　　　　③ 使用混合工具为小鸟建立混合

图 7-57　跳动的花儿制作流程图

3. 案例操作步骤

（1）执行"文件"→"新建"命令创建一个名称为"跳动的花儿"的矢量图文档，如图 7-58 所示。执行"文件"→"置入"命令，置入本书附带光盘\第 7 章图片\第 7 章案例 03\素材花纹.png 图片，如图 7-59 所示。

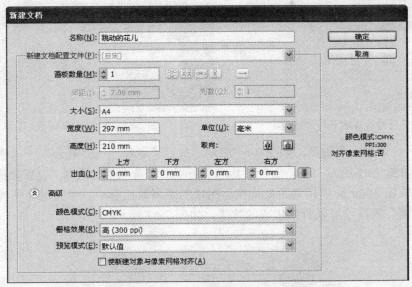

图 7-58　"新建文档"对话框

图 7-59　置入素材花纹图片

（2）打开"符号"面板，点选"花朵"符号库，选择"大丁草"符号样本，如图 7-60 所示。将"大丁草"符号拖入文档中，调整大小，如图 7-61 所示。

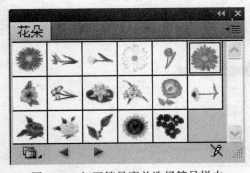

图 7-60　打开符号库并选择符号样本

图 7-61　将符号样本拖入矢量图文档中

（3）选择"大丁草"符号图形，右击并选择"断开符号链接"命令将符号样本转换为矢量图形，如图 7-62 所示。选择大丁草图形，按住 Alt 键复制出一个大丁草花的图形，等比例缩小图形，如图 7-63 所示。

图 7-62　将符号样本断开符号链接

图 7-63　复制并缩小"大丁草"图形

（4）选择另一个大丁草图形，如图 7-64 所示。执行"对象"→"混合"→"建立"命令将两个图形建立混合，如图 7-65 所示。双击混合工具打开"混合选项"对话框，设置数值如图 7-66 所示。将混合模式调整成按 300mm 的指定距离变换，指定的距离数值越小，中间混合生成的图形越多、越密集，点选"预览"复选项可以看到生成的效果，如图 7-67 所示。

图 7-64　同时选择两个图形

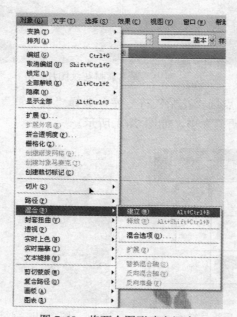

图 7-65　将两个图形建立混合

（5）双击混合工具，打开"混合选项"对话框，如图 7-68 所示。将"间距"更改为"指定的步数"，设置为 8，点选"预览"选项可以查看混合效果，如图 7-69 所示。指定的步数值越大，中间混合生成的图形越多。

图 7-66 "混合选项"对话框

图 7-67 建立混合后的效果

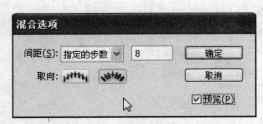

图 7-68 重新设置混合选项

图 7-69 按指定步数混合效果

（6）选择混合后的图形，使用添加锚点工具 在混合图形的中轴路径上单击添加一个锚点，并将锚点改为曲线锚点，如图 7-70 所示。调整混合轴路径上点的位置和弧度，混合的图形将会随之变换位置，如图 7-71 所示。继续在混合轴路径上添加锚点并编辑，调整混合图形，如图 7-72 所示。

图 7-70 在混合轴路径上添加锚点

图 7-71 调整锚点的位置

图 7-72 继续在混合轴路径上添加锚点并编辑

（7）使用绘图工具绘制小鸟图形，如图 7-73 所示。复制小鸟图形并将其颜色改为粉色，如图 7-74 所示。同时选择两个小鸟图形建立混合模式，双击混合工具，打开"混合选项"对话框，选择"平滑颜色"，如图 7-75 和图 7-76 所示。

图 7-73 绘制小鸟图形

图 7-74 复制图形并更改颜色

图 7-75 "混合选项"对话框

图 7-76 建立平滑颜色混合效果

（8）双击混合工具打开"混合选项"对话框，选择"对齐页面"选项，预览混合效果，如图7-77 所示。再次打开"混合选项"对话框，选择"对齐路径"选项，预览混合效果，如图 7-78 所示。

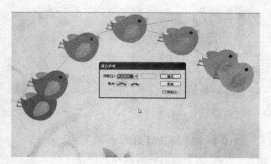

图 7-77 对齐页面混合

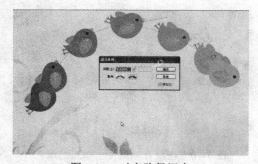

图 7-78 对齐路径混合

（9）为混合轴路径添加锚点，调整角度，如图 7-79 所示，完成案例设计。

图 7-79 完成案例设计

7.2.4 案例：创意柠檬

知识点提示：本案例设计中主要讲述网格工具的使用方法和技巧及相关知识，重点介绍网格工具的填充功能。

1. 案例效果

网格工具可以在矢量图内部添加网格，并可以对添加的网格进行变形。如果在添加网格后填充了颜色，则所变形的区域将影响到颜色状态。如图 7-80 所示是使用网格工具绘制设计的矢量图案例——创意柠檬。

图 7-80　创意柠檬

2. 案例制作流程

使用网格工具绘制矢量图形——创意柠檬的基本流程如图 7-81 所示。

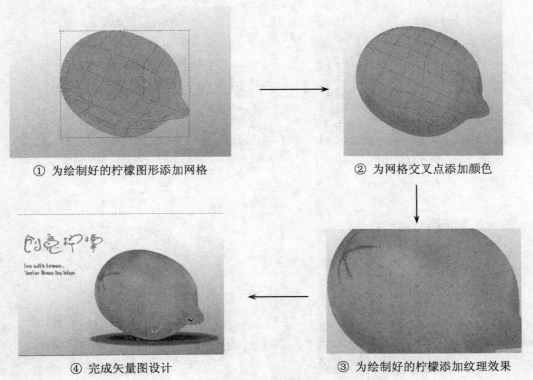

① 为绘制好的柠檬图形添加网格　　　　② 为网格交叉点添加颜色

④ 完成矢量图设计　　　　③ 为绘制好的柠檬添加纹理效果

图 7-81　创意柠檬绘制设计流程图

3. 案例操作步骤

（1）执行"文件"→"新建"命令创建一个名称为"创意柠檬"的矢量图文档，如图 7-82 所示。选择矩形工具 创建一个与文档同样大小的矩形，设置渐变填充颜色，如图 7-83 所示。

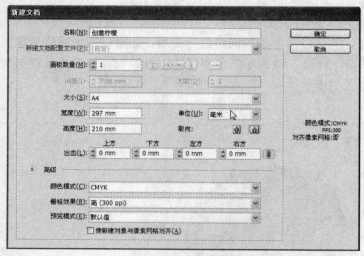

图 7-82　新建矢量图文档

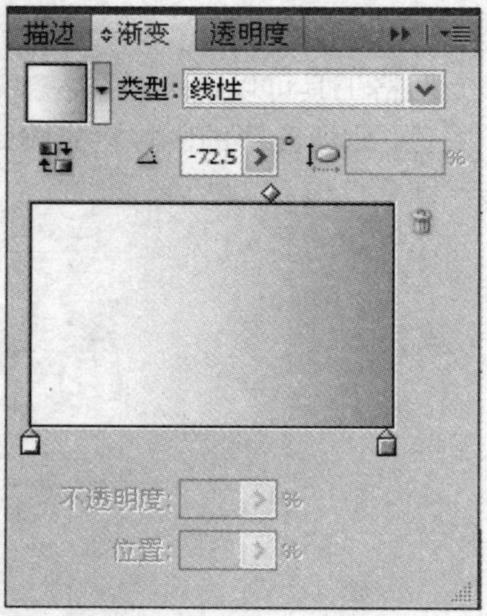

图 7-83　设置渐变填充

（2）选择钢笔工具 创建柠檬图形，设置填充色为橘色，如图 7-84 所示。选择网格工具 ，将鼠标在柠檬图形路径上的任意位置单击创建一条网格线，如图 7-85 所示。继续在已经添加的网格线上的任意位置单击创建第二条网格线，如图 7-86 所示。同样的方法创建多条网格线，如图 7-87所示。

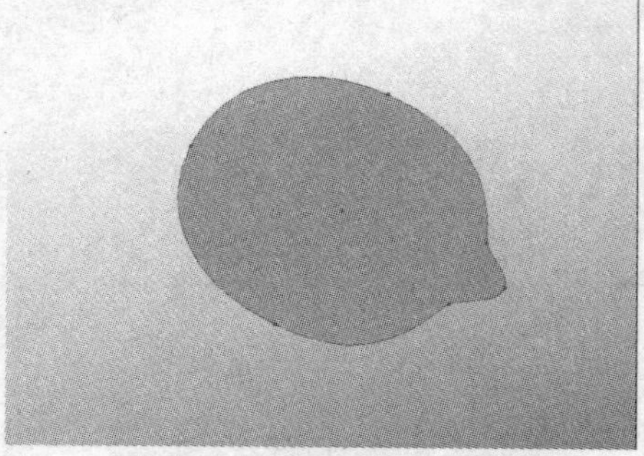

图 7-84　创建柠檬图形

图 7-85　创建一条网格线

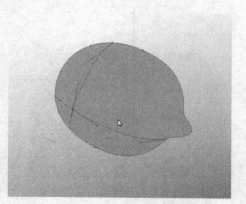

图 7-86　创建网格线

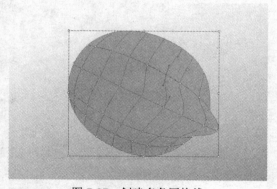

图 7-87　创建多条网格线

（3）设置填充色为草绿色，如图 7-88 所示。选择直接选择工具 ，单击柠檬图形边缘路径的网格交叉点，为交叉锚点添加绿色填充，如图 7-89 所示。按住 Shift 键多选网格锚点，同时添加绿色填充，如图 7-90 所示。为更多的网格交叉点调整位置并设置颜色，增加柠檬的层次感，如图 7-91 所示。

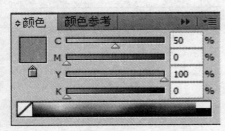

图 7-88　设置草绿色填充颜色

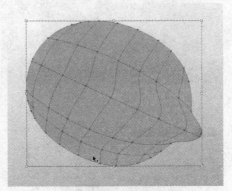

图 7-89　为网格交叉点添加草绿色填充

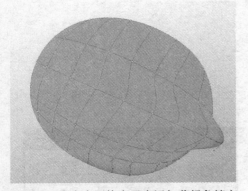

图 7-90　为多个网格交叉点添加草绿色填充

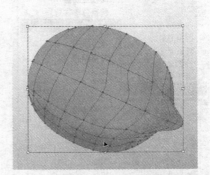

图 7-91　调整网格交叉点的位置和颜色

（4）选择柠檬的边缘网格交叉点，添加橘红色填充，如图 7-92 所示。选择柠檬图形的中间网格交叉点，添加橘黄色填充，增加柠檬的层次感，如图 7-93 所示。

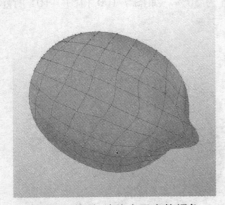

图 7-92　添加边缘交叉点的颜色

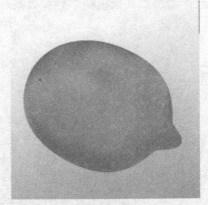

图 7-93　添加其他位置交叉点的颜色

（5）选择钢笔工具 创建图形，如图 7-94 所示。执行"窗口"→"外观"面板命令打开"外观"面板，如图 7-95 所示。单击"添加新效果"按钮 ，在弹出菜单中选择"风格化"→"羽化"命令，弹出"羽化"对话框，如图 7-96 和图 7-97 所示，设置效果如图 7-98 所示。

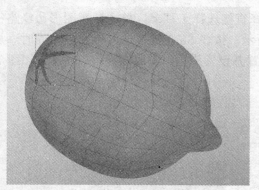

图 7-94　钢笔工具绘制图形

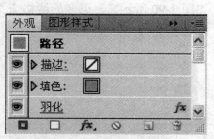

图 7-95　"外观"面板

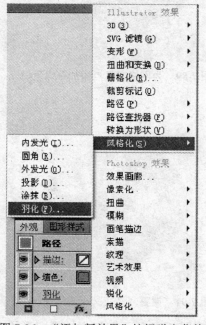

图 7-96　"添加新效果"按钮弹出菜单

图 7-97　设置羽化数值

（6）选择钢笔工具创建多个小月牙图形，绘制柠檬的表皮纹理，如图 7-99 所示。将多个小月牙图形编组，添加"高斯模糊"外观效果，"透明度"设置为 50%，如图 7-100 和图 7-101 所示。

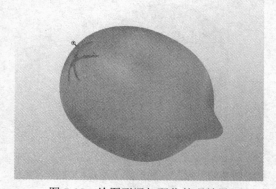

图 7-98　给图形添加羽化外观效果

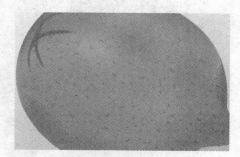

图 7-99　绘制柠檬表皮纹理

（7）选择椭圆形工具创建椭圆形，设置填充颜色，绘制投影图形，如图 7-102 所示。打开"外观"面板，选择"羽化"效果，设置羽化半径为 3mm，如图 7-103 所示。

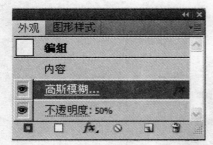

图 7-100 给表皮纹理添加高斯模糊外观效果

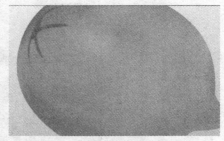

图 7-101 给表皮纹理添加外观效果

图 7-102 使用椭圆形工具绘制投影

图 7-103 给投影添加羽化外观效果

（8）选择椭圆形工具 ◯ 创建小一点的椭圆形，设置深色填充，同样添加"羽化"外观效果，如图 7-104 所示。使用文字工具 **T** 添加文字效果，完成创意柠檬图形设计，如图 7-105 所示。

图 7-104 使用椭圆形工具绘制投影

图 7-105 完成案例设计

7.3　本章小结

本章主要讲述了符号工具、图表工具、混合工具、网格工具的使用方法及相关知识，具体介绍了这些工具的操作技巧，以及在案例设计中的运用。通过 4 个案例的具体绘制，让读者对 Illustrator CS5 软件中的以上几种工具能够较为熟练地运用。

7.4　拓展练习

综合运用符号工具、图表工具、混合工具、网格工具绘制一幅矢量图实例，效果如图 7-106 所示。

图 7-106　拓展练习矢量图实例

7.5　作业

一、选择题

1. 可以调节符号喷枪直径大小的快捷键是（　　）。
   A. [ ]　　　　　　　　B. Shift　　　　　　　C. Ctrl
2. 以下可以更改符号组图形颜色的是（　　）。
   A. 符号旋转器工具　　B. 符号着色器工具　　C. 符号样式器工具
3. 以下可以编辑网格交叉锚点的是（　　）。
   A. 选择工具　　　　　B. 网格工具　　　　　C. 直接选择工具

二、简答题

如何给已经绘画好的图形添加网格线，并为网格交叉锚点添加和更改颜色？

第 8 章　滤镜和矢量图特效应用与案例设计

学习目的

在 Illustrator CS5 软件中包含了多种滤镜，还可以为图形或图像添加某些特殊的效果。在"效果"菜单中提供了一些特效命令，执行这些命令可以为其添加"投影"、"模糊"等效果，还可以模拟各种手绘的效果，如使用"彩色铅笔"、"蜡笔"、"炭笔"等笔触进行绘制时图形能够形成各种纹理效果，产生扭曲变形效果等。而且对于这些滤镜和效果使用技巧的把握更能让设计师在矢量图绘制能力上有所提高。

8.1　相关知识

本节主要讲解 Illustrator CS5 中多种矢量滤镜、效果及其应用方法，认识各类位图滤镜、效果及其应用方法，了解 3D 和变形等相关效果的应用，掌握为图形添加"3D 效果"的方法。在案例绘制过程中进一步体会软件中滤镜和矢量图效果的运用技巧。

8.1.1　滤镜、效果的基础知识

滤镜不但可以为图像的外观添加一些特殊效果，还可以模拟素描、水彩、水粉和油画等各种绘画效果。熟练地掌握滤镜的使用技巧可以将一个普通的图形制作成一幅效果丰富的艺术作品。效果是用于修改图形或图像外观的命令，在 Illustrator CS5 软件中包括两种类型的效果，即处理矢量图形的"Illustrator 效果"和处理位图图像的"Photoshop 效果"。

8.1.2　滤镜、效果的应用技巧

因为位图图形是由像素构成的，其中每一个像素都有各自固定的位置和颜色值。滤镜可以按照一定的规律调整像素的位置和颜色值，所以就可以给图像添加各种特殊的效果。而 Illustrator 中的滤镜是一种插件模块，能够操纵图像中的像素。将选中的图像执行滤镜命令后，可以打开滤镜库或者相应的对话框，在对话框中设置滤镜的参数。多数滤镜的对话框中都会提供一个预览框，在预览框中可以预览滤镜在图像上的效果。

8.2　案例设计

8.2.1　案例：有木纹背景的花朵

知识点提示：本案例设计中主要讲述 Illustrator CS5 软件中各类滤镜、效果及其应用方法等相关知识。

1. 案例效果

使用多种 Illustrator 滤镜、效果绘制的矢量图形——有木纹背景的花朵案例效果如图 8-1 所示。

2. 案例制作流程

使用多种滤镜、效果绘制矢量图形——有木纹背景的花朵的基本流程如图 8-2 所示。

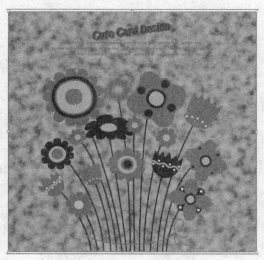

图 8-1　有木纹背景的花朵

① 打开花卉素材文档　　　　　　　　　　② 为英文字母添加效果

④ 为背景添加效果完成案例绘制　　　　　　③ 为花朵添加效果

图 8-2　案例绘制流程图

3. 案例操作步骤

（1）执行"文件"→"打开"命令，打开本书附带光盘\第 8 章图片\第 8 章案例 01\花卉素材.ai 文件，如图 8-3 所示。执行"文件"→"新建"命令创建一个名称为"缤纷花卉"的矢量图文档，如图 8-4 所示。将"花卉素材.ai"文档中的矢量图形复制并粘贴到新建文档中。

图 8-3　打开花卉素材

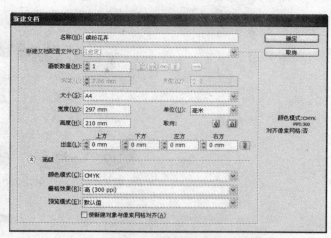

图 8-4　"新建文档"对话框

（2）选择复制过来的图形组，执行"对象"→"取消编组"，如图 8-5 所示。单独选择上方的英文字母（如图 8-6 所示），执行"效果"→3D→"凸出和斜角"命令给英文标题添加突出和斜角的 3D 效果，如图 8-7 和图 8-8 所示。完成的 3D 效果如图 8-9 所示。

图 8-5　执行"取消编组"命令

图 8-6　选择英文字母

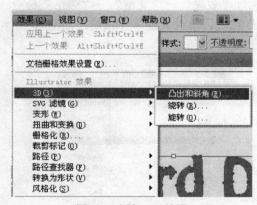

图 8-7　添加 3D 效果

图 8-8　"3D 凸出和斜角选项"对话框

（3）选择文档中的花朵图形（如图 8-10 所示），执行"效果"→"SVG 滤镜"→"应用 SVG 滤镜"命令（如图 8-11 所示），弹出"应用 SVG 滤镜"对话框，选择"AI_高斯模糊_4"（如图 8-12 所示），为花朵添加高斯模糊效果，如图 8-13 所示。

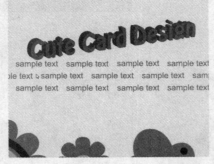

图 8-9　添加凸出和斜角的 3D 效果

图 8-10　选择花朵图形

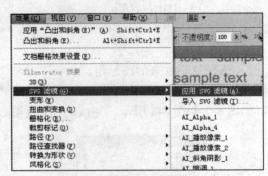

图 8-11　执行"SVG 滤镜"命令

图 8-12　"应用 SVG 滤镜"对话框

图 8-13　添加高斯模糊效果

（4）选择文档中的花朵图形（如图 8-14 所示），执行"效果"→"变形"→"弧形"命令（如图 8-15 所示），弹出"变形选项"对话框，选择"弧形"样式，单选"确定"按钮，如图 8-16 和图 8-17 所示。同样的方法可以尝试点选其他变形选项。

图 8-14　选择花朵图形

图 8-15　执行变形效果命令

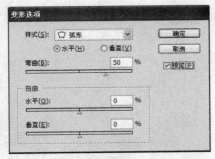

图 8-16 "变形选项"对话框

图 8-17 添加弧形变形效果

（5）选择文档中的花朵图形（如图 8-18 所示），执行"效果"→"扭曲和变换"→"收缩和膨胀"命令（如图 8-19 所示），弹出"收缩和膨胀"对话框，设置参数，完成效果制作，如图 8-20 和图 8-21 所示。

图 8-18 选择花朵图形

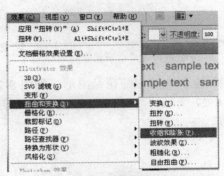

图 8-19 执行"扭曲和变换"命令

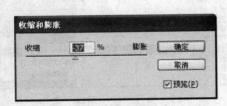

图 8-20 "收缩和膨胀"对话框

图 8-21 添加扭曲和变换效果

（6）选择文档中的花朵图形（如图 8-22 所示），执行"效果"→"栅格化"命令（如图 8-23 所示），弹出"栅格化"对话框（如图 8-24 所示），为花朵添加栅格化效果，花朵边缘出现像素点效果，如图 8-25 所示。

图 8-22 选择花朵图形

图 8-23 执行"栅格化"命令

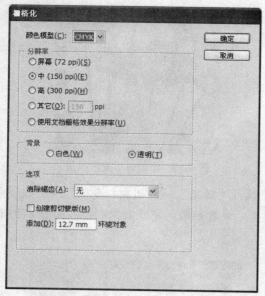

图 8-24 "栅格化"对话框

图 8-25 添加栅格化效果

（7）选择文档中的花朵图形（如图 8-26 所示），执行"效果"→"路径"→"位移路径"命令（如图 8-27 所示），弹出"位移路径"对话框（如图 8-28 所示），为花朵添加位移路径效果，如图 8-29 所示。

图 8-26 选择花朵图形

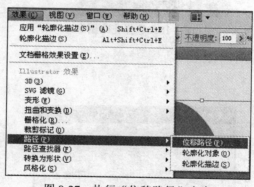

图 8-27 执行"位移路径"命令

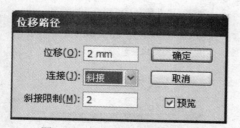

图 8-28 "位移路径"对话框

图 8-29 添加位移路径效果

（8）选择文档中的背景矩形（如图 8-30 所示），执行"效果"→"SVG 滤镜"→"AI_木纹"（如图 8-31 所示）为矩形添加木纹效果，完成整个案例设计，如图 8-32 所示。

图 8-30　选择背景矩形

图 8-31　添加滤镜效果

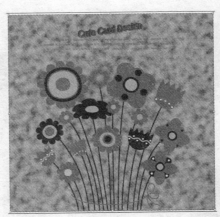

图 8-32　添加木纹效果

8.2.2　案例：2012 留言板

知识点提示：本案例设计中主要讲述 Illustrator CS5 软件中部分矢量效果的使用技巧及相关知识。

1. 案例效果

使用多种 Illustrator 效果绘制矢量图形——2012 留言板案例效果如图 8-33 所示。

图 8-33　2012 留言板效果图

2．案例制作流程

使用多种 Illustrator 效果绘制矢量图形——2012 留言板案例的基本流程如图 8-34 所示。

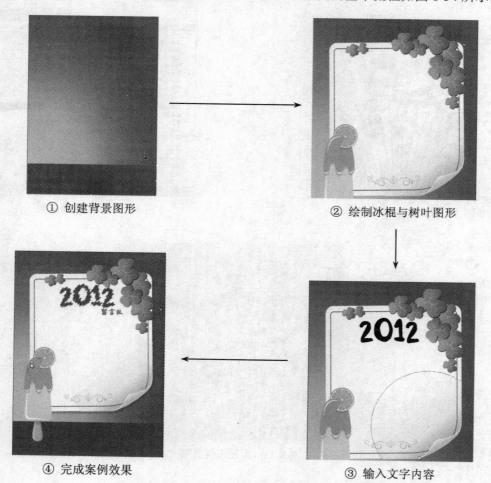

① 创建背景图形　　　　　　　　　　② 绘制冰棍与树叶图形

④ 完成案例效果　　　　　　　　　　③ 输入文字内容

图 8-34　2012 留言板绘制流程图

3．案例操作步骤

（1）执行"文件"→"新建"命令新建一个名称为"2012 留言板"的矢量图文档，如图 8-35 所示。选择矩形工具 ▢，在文档内创建一个与文档大小一致的矩形并设置渐变填充，如图 8-36 和图 8-37 所示。继续使用矩形工具 ▢ 创建矩形桌面图形，设置填充颜色如图 8-38 所示。

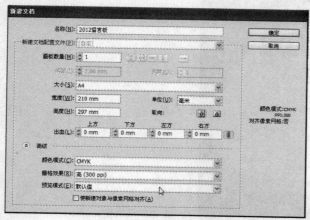

图 8-35　创建新文档

图 8-36　创建文档大小的矩形

图 8-37　设置渐变填充

图 8-38　创建矩形桌面图形并设置填充颜色

（2）选择钢笔工具 绘制留言板图形，填充白色，如图 8-39 所示。使用钢笔工具 绘制页面翻页图形，设置渐变填充，如图 8-40 和图 8-41 所示。选择图形，按住 Alt 键复制图形，填充白色，增加页面厚度感，如图 8-42 所示。

图 8-39　绘制留言板图形

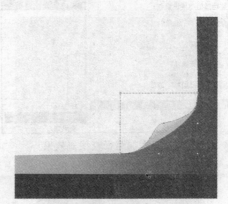

图 8-40　绘制页面翻页图形

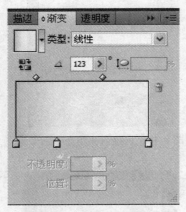

图 8-41　设置渐变参数

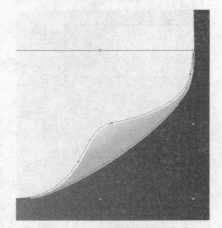

图 8-42　复制图形增加厚度感

（3）选择椭圆形工具 创建正圆形，如图 8-43 所示。选择绘制好的留言板图形并将其复制，如图 8-44 所示。同时选择两个图形，将其编组。执行"效果"→"路径查找器"→"交集"命令（如图 8-45 所示），效果如图 8-46 所示。设置渐变填充参数，为交集后的图形添加渐变颜色，如图 8-47 所示。使用"渐变填充工具"调整渐变方向，效果如图 8-48 所示。

（4）选择钢笔工具 绘制柠檬冰棍图形，如图 8-49 所示。使用钢笔工具 创建图形，设置填充色为无，描边为 3pt，绿色，如图 8-50 所示。

图 8-43 创建正圆形

图 8-44 复制留言板图形

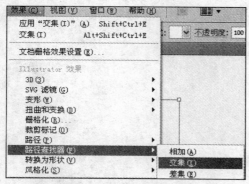

图 8-45 添加路径查找器效果

图 8-46 交集后的图形效果

图 8-47 设置渐变填充参数

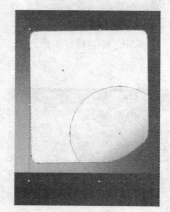

图 8-48 调整渐变填充方向效果

图 8-49 绘制柠檬冰棍图形

图 8-50 绘制绿色线框

（5）选择钢笔工具绘制花纹图形，设置渐变填充，如图 8-51 和图 8-52 所示。选择花纹图形，执行"效果"→"风格化"→"内发光"命令给花纹添加内发光效果，如图 8-53 和图 8-54 所示。

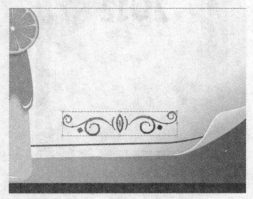

图 8-51　绘制花纹图形

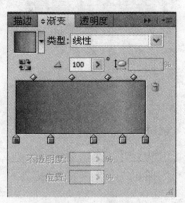

图 8-52　设置渐变参数

图 8-53　执行"内发光"效果命令

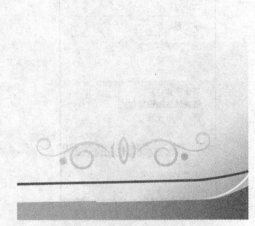

图 8-54　花纹添加内发光后的效果

（6）选择钢笔工具绘制树叶图形并编组，如图 8-55 所示。复制多个树叶图形并调整大小和位置，如图 8-56 所示。

图 8-55　绘制树叶图形

图 8-56　复制多个树叶图形

（7）选择文字工具 T，在文档中输入 2012，打开"字符"面板，设置文字的字体与字号，如图 8-57 和图 8-58 所示。执行"文字"→"创建轮廓"命令将文字"2012"转换为图形，更改填充颜色，如图 8-59 和图 8-60 所示。

图 8-57　"字符"面板

图 8-58　文字"2012"的效果

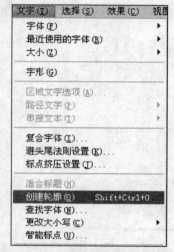

图 8-59　将文字创建轮廓

图 8-60　为 2012 图形添加颜色

（8）选择 2012 图形，执行"效果"→"风格化"→"涂抹"命令为图形 2012 添加涂抹效果，如图 8-61 和图 8-62 所示。同样的方法输入文字"留言板"，将其转换为图形，如图 8-63 所示。选择白色留言板图形，执行"效果"→"风格化"→"投影"命令（如图 8-64 所示），弹出"投影"对话框，设置参数，为图形添加投影效果，完成案例设计，如图 8-65 和图 8-66 所示。

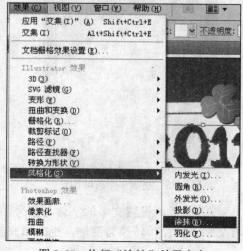

图 8-61　执行"涂抹"效果命令

图 8-62　为 2012 图形添加涂抹效果

图 8-63 输入"留言板"文字并转换为图形

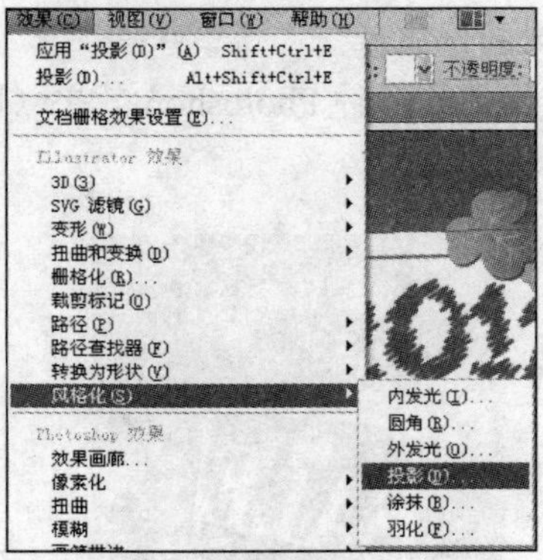

图 8-64 执行"投影"命令

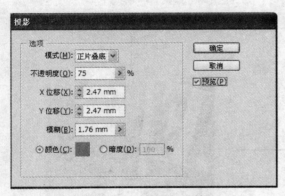

图 8-65 "投影"对话框

图 8-66 完成案例设计

8.2.3 案例：标签

知识点提示：本案例设计中主要讲述软件中 Photoshop 效果（即位图滤镜与效果）的应用技巧及相关知识。

1. 案例效果

使用软件中的多种 Photoshop 效果（即位图滤镜与效果）修改矢量图形——标签的案例效果如图 8-67 所示。

图 8-67 标签效果图

2. 案例制作流程

使用软件中的多种 Photoshop 效果（即位图滤镜与效果）修改矢量图形——标签的基本流程如图 8-68 所示。

① 打开素材图形　　　　　　　② 为数字添加位图效果

④ 完成案例　　　　　　　　③ 为图形添加位图效果

图 8-68　标签制作流程图

3. 案例操作步骤

（1）执行"文件"→"打开"命令，打开本书附带光盘\第 8 章图片\第 8 章案例 03\标签.ai 文件，如图 8-69 所示。选择文档中绘制好的标签图形，取消编组。选择蓝色圆角矩形（如图 8-70 所示），执行"效果"→"像素化"→"点状化"命令为其添加点状化效果，如图 8-71 和图 8-72 所示。

图 8-69　打开标签文档

图 8-70　选择蓝色图形

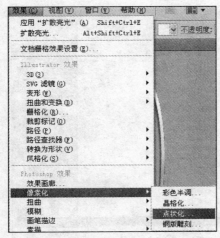

图 8-71　执行"像素化"效果命令

图 8-72　为图形添加"点状化"效果

（2）选择"20%"数字图形（如图 8-73 所示），执行"效果"→"扭曲"→"海洋波纹"命令（如图 8-74 所示），打开"海洋波纹"选项，为图形添加海洋波纹效果，如图 8-75 和图 8-76 所示。同样的方法可以尝试"扭曲"效果组中的"扩散亮光"和"玻璃"效果。

图 8-73　选择数字图形

图 8-74　执行"扭曲"组中的"海洋波纹"效果命令

图 8-75　"海洋波纹"选项设置

图 8-76　添加海洋波纹效果

（3）选择"条形码"图形（如图 8-77 所示），执行"效果"→"模糊"→"径向模糊"命令（如图 8-78 所示），弹出"径向模糊"选项，设定参数，为条形码图形添加径向模糊效果，如图 8-79 和图 8-80 所示。同样的方法可以尝试添加"模糊"效果组中的"特殊模糊"和"高斯模糊"效果。

图 8-77　选择条形码图形

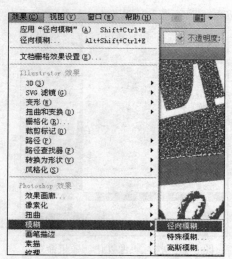

图 8-78　执行"径向模糊"效果命令

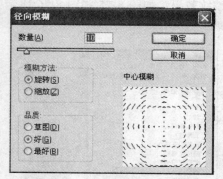

图 8-79　"径向模糊"选项设置

图 8-80　为条形码添加径向模糊效果

（4）选择部分数字图形（如图 8-81 所示），执行"效果"→"画笔描边"→"喷溅"命令（如图 8-82 所示），打开"喷溅"选项，设置参数如图 8-83 所示，给所选数字添加喷溅效果，如图 8-84 所示。

图 8-81　选择部分数字

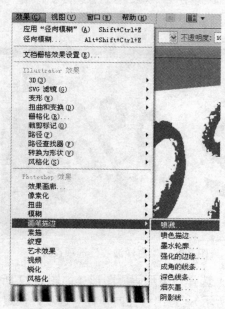

图 8-82　执行"喷溅"效果命令

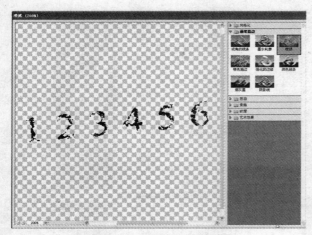

图 8-83　"喷溅"选项设置

图 8-84　为数字添加喷溅效果

（5）选择部分数字图形（如图 8-85 所示），执行"效果"→"画笔描边"→"墨水轮廓"命令（如图 8-86 所示），打开"墨水轮廓"选项，设置参数如图 8-87 所示，给所选数字添加喷溅效果，如图 8-88 所示。

图 8-85　选择部分数字

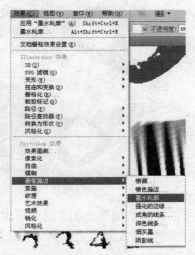

图 8-86　执行"墨水轮廓"效果命令

图 8-87　"墨水轮廓"选项设置

图 8-88　添加墨水轮廓效果

（6）选择"剪刀"图形（如图 8-89 所示），执行"效果"→"画笔描边"→"喷色描边"命令（如图 8-90 所示），打开"喷色描边"选项，设置参数，为剪刀图形添加喷色描边效果，如图 8-91 和图 8-92 所示。

图 8-89　选择"剪刀"图形

图 8-90　执行"喷色描边"效果命令

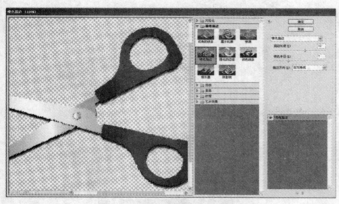

图 8-91　"喷色描边"选项设置

图 8-92　为剪刀添加喷色描边效果

（7）可以尝试给图形添加"画笔描边"组中的"强化的边缘"、"成角的线条"、"深色线条"、"烟灰墨"、"阴影线"等效果。完成案例设计如图 8-93 所示。

图 8-93　完成案例设计效果

8.2.4　案例：有花纹的拖鞋

知识点提示：本案例设计中主要讲述软件中 Photoshop 效果（即位图滤镜与效果）的应用技巧及相关知识。

1．案例效果

使用软件中的多种 Photoshop 效果（即位图滤镜与效果）修改矢量图形——有花纹的拖鞋的案例效果如图 8-94 所示。

图 8-94　有花纹的拖鞋效果图

2．案例制作流程

使用软件中的多种 Photoshop 效果（即位图滤镜与效果）修改矢量图形——有花纹的拖鞋的基本流程如图 8-95 所示。

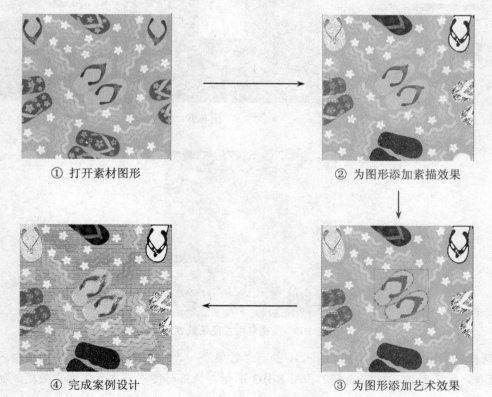

① 打开素材图形　　　　　② 为图形添加素描效果

④ 完成案例设计　　　　　③ 为图形添加艺术效果

图 8-95　有花纹的拖鞋制作流程图

3. 案例操作步骤

（1）执行"文件"→"打开"命令，打开本书附带光盘\第 8 章图片\第 8 章案例 04\有花纹的拖鞋.ai 文件，如图 8-96 所示。选择文档图形，将其取消编组。单独选择拖鞋图形（如图 8-97 所示），执行"效果"→"素描"→"便条纸"命令，打开"便条纸"选项，如图 8-98 和图 8-99 所示，为拖鞋图形添加便条纸效果，如图 8-100 所示。

图 8-96　打开素材图片

图 8-97　选择拖鞋图形

图 8-98　执行"便条纸"效果命令

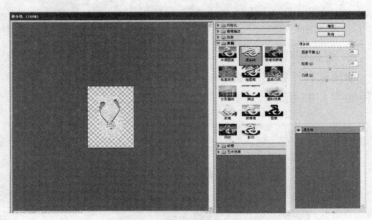

图 8-99　"便条纸"选项设置

图 8-100　为拖鞋添加便条纸效果

（2）选择拖鞋图形（如图 8-101 所示），执行"效果"→"素描"→"半调图案"命令，打开"半调图案"选项，设置参数，如图 8-102 和图 8-103 所示，为拖鞋图形添加半调图案效果，如图 8-104 所示。

图 8-101　选择拖鞋图形

图 8-102　执行"半调图案"效果命令

图 8-103　"半调图案"选项设置

图 8-104　为拖鞋图形添加半调图案效果

（3）选择拖鞋图形（如图 8-105 所示），执行"效果"→"素描"→"图章"命令，打开"图章"选项，设置参数，如图 8-106 和图 8-107 所示，为拖鞋图形添加图章效果，如图 8-108 所示。

图 8-105　选择拖鞋图形

图 8-106　执行"图章"效果命令

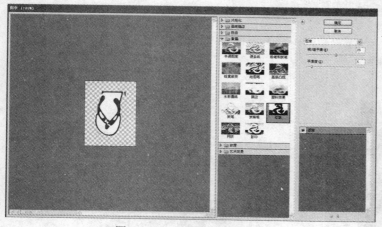

图 8-107 "图章"选项设置

图 8-108 为拖鞋图形添加图章效果

（4）选择拖鞋图形（如图 8-109 所示），执行"效果"→"素描"→"绘图笔"命令，为拖鞋图形添加绘图笔效果，如图 8-110 所示。尝试为拖鞋分别添加"素描"组中的其他效果，如图 8-111 所示。

图 8-109 "绘图笔"选项设置

图 8-110 为拖鞋图形添加绘图笔效果

图 8-111 为拖鞋图形添加"素描"组中的其他效果

（5）选择拖鞋图形（如图 8-112 所示），执行"效果"→"艺术效果"→"粗糙蜡笔"命令，为拖鞋图形添加粗糙蜡笔效果，如图 8-113 至如图 8-115 所示。尝试为图形添加"艺术效果"组中的其他效果。

图 8-112　选择拖鞋图形

图 8-113　执行"艺术效果"组中的"粗糙蜡笔"效果命令

图 8-114　"粗糙蜡笔"选项设置

（6）选择文档背景矩形，执行"效果"→"纹理"→"龟裂缝"命令给背景图片添加龟裂缝效果，如图 8-116 所示。也可以用同样的方法为矢量图形添加其他效果，完成案例设计。

图 8-115　为拖鞋添加"粗糙蜡笔"效果

图 8-116　完成案例设计

8.3　本章小结

　　本章主要讲述了 Illustrator CS5 软件中多种滤镜和效果的使用方法及相关知识，并根据这些滤镜和效果为案例中的不同矢量图形添加相应的效果，让读者对 Illustrator CS5 软件中的矢量滤镜和效果以及位图滤镜和效果都有了较为深入的了解和掌握，为将来的设计道路打下坚实的基础。

8.4　拓展练习

　　综合运用矢量和位图的滤镜与效果命令为图形添加效果，如图 8-117 所示。

图 8-117　矢量图添加效果案例

8.5　作业

一、选择题

　　1．（　　）滤镜可以将图像中的颜色进行分色处理，并简化颜色，使图像看上去像是由从彩纸上剪下的边缘粗糙的剪纸片组成的。
　　　　A．彩色铅笔　　　　　　B．木刻　　　　　　C．水彩
　　2．（　　）滤镜可以使图像中的颜色对比强烈、纹理较重，使图像看起来像是用海绵绘制的。
　　　　A．海报边缘　　　　　　B．海绵　　　　　　C．绘画涂抹
　　3．（　　）滤镜可以将平滑的图案应用于阴影和中间色调，将一种更平滑、饱和度更高的图案添加到亮区，产生类似胶片颗粒状的纹理效果。
　　　　A．粗糙蜡笔　　　　　　B．绘画涂抹　　　　C．胶片颗粒

二、简答题

　　如何编辑或删除效果？

第 9 章　综合行业案例设计

学习目的

Illustrator 软件几乎可以置入所有常见的图像文件格式，同时 Illustrator 软件也可以将绘制好的图稿输出为各种常见的格式。当在 Illustrator 中将作品绘制完成时，一般有两种输出情况：Web 上发布图像和打印输出。本章通过学习 Web 文件的制作、切片分割工具的使用，以及打印输出、印刷等相关知识来了解 Illustrator 文件的后期处理方法。在案例绘制过程中简单体会如何制作 Web 图形、使用切割工具，并了解各种印刷知识。

9.1　相关知识

本节主要讲解在 Illustrator CS5 中如何发布 Web 图像、将图稿储存为网页时如何制作切片，以及其他的打印输出要求和注意事项等。

9.1.1　创建 Web 图形

1．Web 图形格式

图形要存储为位图格式时，Illustrator 是以每英寸 72 像素来栅格化图形。如果要在栅格化图形中控制对象的精确位置、大小和对象的消除锯齿效果，则可以选择"视图"→"像素预览"命令，即可由矢量效果转换为理想的位图效果，如图 9-1 所示。

图 9-1　像素预览对比效果

为了能够创建像素精确的设计，Illustrator CS5 中添加了像素对齐属性。对象启用像素对齐属性后，该对象的所有水平和垂直端都会对齐到像素网格，像素网格可以将对象的边缘消除锯齿，为描边提供清晰的外观。另外，在"变换"面板中，通过启用"对齐像素网格"复选框，图形对象会根据新的坐标重新对齐像素网格，如图 9-2 所示。

2．Web 图形的注意事项

（1）Web 安全颜色。

颜色是图稿的重要元素，但是网页中的色彩会受到外界因素的影响，而使每个浏览者观看到不同的效果。因为即使是一模一样的颜色，也会由于显示设备、操作系统、显卡以及浏览器的不同而有不同的显示效果。创建 Web 图形时可以采取两个方法来预防：一个是始终用 RGB 颜色模式；另一个是使用 Web 安全颜色。

图 9-2　图形对齐像素网格

Web 网页安全颜色是指在不同硬件环境、不同操作系统、不同浏览器中都能够正常显示的颜色集合，这些颜色在任何终端浏览用户显示设备上的显示效果都是相同的。

Illustrator 虽然不是制作网页图像的常用软件，但是其绘制功能很强大，同样能够绘制出网页设计所需要的图标、按钮、背景等各种网页元素的矢量效果图像。所以在该软件中提供了用于网络图像的颜色，只要单击"色板"面板底部的"色板库"菜单按钮，再选择 Web 命令即可，如图 9-3 所示。

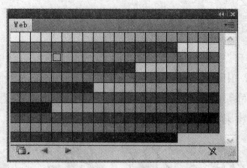

图 9-3　Web 安全颜色

（2）通过文件大小平衡图像品质。

在 Web 上发布图像，创建较小的图形文件非常重要。较小的文件 Web 服务器能高效地存储和传输。在 Illustrator 中，可以通过"存储为 Web 和设备所用格式"（如图 9-4 所示）对话框查看 Web 图形的大小、颜色等相关信息。

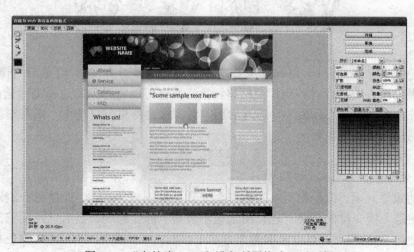

图 9-4　"存储为 Web 和设备所用格式"对话框

9.1.2　使用切片分割

网页往往包含很多元素，如文本、位图图形和矢量图形等。Illustrator 软件中的切片工具可以定义 Web 中元素的边界，一个较大的网页图像可以划分为若干较小的图像，这些图像可在 Web 网页上重新组合。在输出网页时，可以对每块图形进行优化。这样可以在保证图像品质的同时得到较小的文件，从而缩短图像的下载时间。

图片使用"存储为 Web 和设备所用格式"命令存储为网页时，可以将每个切片存储为一个独立的文件。

1.　使用切片工具创建切片

Illustrator 软件中，创建切片的方法有很多，使用工具箱中的切片工具✍创建切片是裁切网页图像最常用的方法。在工具箱中选择切片工具✍后，在画板中单击并拖动即可创建切片。其中，淡红色为自动切片，如图 9-5 所示。

图 9-5　切片工具运用

2.　从参考线创建切片

从参考线创建切片首先要在文档中设定参考线，运用参考线设置切片的位置。执行"对象"→"切片"→"从参考线创建"命令，即可根据文档的参考线创建切片，如图 9-6 所示。

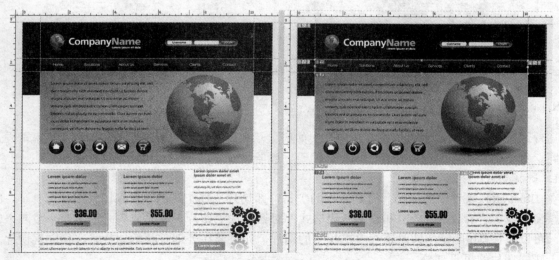

图 9-6　运用参考线创建切片

3．从所选对象创建切片

在网页中选中一个或多个元素对象，执行"对象"→"切片"→"从所选对象创建"命令，根据选中图形的最外轮廓划分切片，如图 9-7 所示。

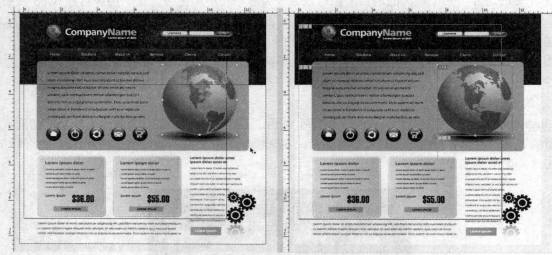

图 9-7　选择对象创建切片

4．创建单个切片

在网页中选中一个或多个元素对象，执行"对象"→"切片"→"建立"命令，根据选中的图形分别建立单个切片，如图 9-8 所示。

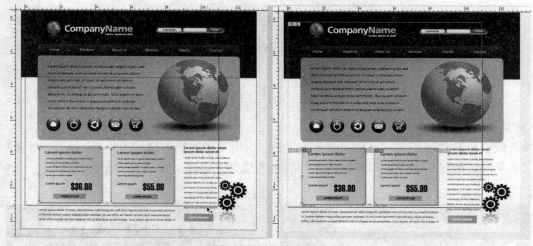

图 9-8　创建单个切片

9.1.3　编辑切片

切片进行编辑可以确定切片内容在网页中如何显示和发挥作用，不同类型的切片，其编辑方式有所不同。对于切片，可以进行选择、调整、隐藏、删除、锁定等操作。

1．选择切片

在 Illustrator 软件中选择切片有其专属的工具，即切片选择工具。选择切片选择工具，即可在程序窗口或者"存储为 Web 和设备所用格式"对话框选中切片。如果要同时选中两个或两个以上切片，可以按住 Shift 键的同时连续单击相应的切片。如果要在处理重叠的切片时选择底层切片，可以单击底层切片的可见部分。

另外也可以在程序窗口中选择切片。

（1）要选择使用"对象"→"切片"→"建立"命令创建的切片，在画板上选择相应的图形即可。如果将切片捆绑到某个组或图层，则在"图层"面板中选择该组或图层旁边的定位图标，如图 9-9 所示。

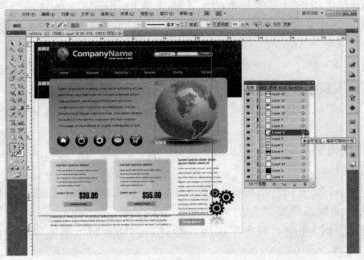

图 9-9　图形切片定位

（2）要选择使用切片工具、"从所选对象创建"命令或"从参考线创建"命令创建的切片，则在"图层"面板中定位该切片。

（3）使用选择工具 单击切片路径；如果要选择切片路径线段或切片锚点，可用直接选择工具 单击任意一个项目。

2．设置切片选项

在"切片选项"对话框中有很多选项可以对图形进行设定。选择切片工具 后在画板上选择一个切片，执行"对象"→"切片"→"切片选项"命令后会弹出"切片选项"对话框，如图 9-10 所示。

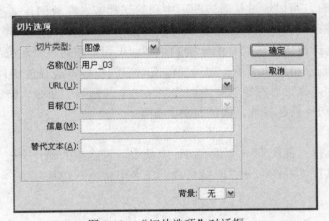

图 9-10　"切片选项"对话框

"切片选项"对话框中的切片类型有 3 种，具体含义如下：

（1）图像：切片生成区域在生成的网页中为图像文件。如果希望图像是 HTML 链接，则输入 URL 和目标框架。还可以指定当鼠标位于图像上时浏览器状态区域中所显示的信息、未显示图像时所显示的替代文本，以及表单元格的背景颜色。

（2）无图像：切片生成区域在生成的网页中包含 HTML 文本和背景颜色。在"单元格中显示的文本"文本框中输入所需要的文本，并使用标准 HTML 标记设置文本格式。注意输入的文本不要超过切片区域可以显示的长度（如果输入了太多的文本，它将扩展到邻近切片并影响网页的布局。然而，因为无法在画板上看到文本，所以只有用 Web 浏览器查看网页时才会变得一目了然）。设置"水平"和"垂直"选项，更改表格单元格中文本的对齐方式。

（3）HTML 文本：选择文本对象并选择"对象"→"切片"→"建立"命令来创建切片时才能使用这种类型。可以通过生成的网页中基本的格式属性将 Illustrator 文本转换为 HTML 文本。设置"水平"和"垂直"选项，更改表格单元格中文本的对齐方式。还可以选择表格单元格的背景颜色。

3. 调整切片

如果使用"对象"→"切片"→"建立"命令创建切片，切片的位置和大小将捆绑到它所包含的图稿。因此，如果移动图稿或调整图稿大小，切片边界也会自动进行调整。

如果使用切片工具、"从所选对象创建"命令或"从参考线创建"命令创建切片，则可以按下列方式来手动调整切片：

（1）移动切片：使用切片工具 将切片拖到新位置。拖动时按往 Shift 键可将移动限制在垂直、水平或 45°对角线方向上。

（2）调整切片大小：使用切片选择工具 选择切片并拖动切片的任意一角或一边，也可以使用选择工具 和"变换"面板来调整切片的大小。

（3）对齐或分布切片：使用"对齐"面板，通过对齐切片可以消除不必要的自动切片以生成较小且更有效的 HTML 文件。

（4）更改切片的堆叠顺序：将切片拖到"图层"面板中的新位置或者选择"对象"→"排列"命令。

（5）划分某个切片：选中切片，然后选择"对象"→"切片"→"划分切片"命令。

（6）复制切片：选中切片，执行"对象"→"切片"→"复制切片"命令将复制一份与原切片尺寸大小相同的切片。

（7）组合切片：选中两个或多个切片，执行"对象"→"切片"→"组合切片"命令，被组合切片的外边缘连接起来所得到的矩形即构成组合后切片的尺寸和位置。

4. 删除切片

当有切片不再使用时，可以通过从对应图稿中删除切片或者释放切片来移去这些切片。

（1）释放某个切片：选择该切片，然后执行"对象"→"切片"→"释放"命令。

（2）删除切片：选择该切片，按 Delete 键删除。如果切片是通过"对象"→"切片"→"建立"命令创建的，则会同时删除相应的图稿。如果要保留对应的图稿，应释放切片而不要删除切片。

（3）删除所有切片：执行"对象"→"切片"→"全部删除"命令。但通过"对象"→"切片"→"建立"命令创建的切片只是释放，而不是将其删除。

5. 显示与隐藏切片

（1）显示切片：执行"视图"→"显示切片"命令可将隐藏的切片全部显示。

（2）隐藏切片：执行"视图"→"隐藏切片"命令可将所有切片隐藏。

9.1.4 打印输出

打印作品有很多相关的技术要求，首先需要进行颜色设置、查看当前文档的基本信息是否符合打印要求、打印选项是否已进行设置，所有这些工作都准备就绪才可以开始打印。

1. 颜色管理

很多平面设计师不喜欢做颜色管理，认为只要使用 CMYK 颜色模式就可以了，导致设计作品在各设计软件中颜色显示有偏差。用打印机打印小样也与电脑显示相差甚远，在印刷后与设计稿的颜色偏差大。使用颜色管理系统进行颜色管理可以确保屏幕色和印刷色呈现最精确的匹配。可以在打印前进行显示器和打印机的颜色配置管理。

颜色设置可以控制打印时从 RGB 到 CMYK 的转换。

如果对需要打印的文件进行颜色管理，可以在打印前先选择"编辑"→"颜色设置"命令，弹出如图 9-11 所示的"颜色设置"对话框，单击"设置"右侧的下拉列表框，从其中选择一种颜色配置文件，一般情况下，不需要对颜色设置的各个选择进行更改。

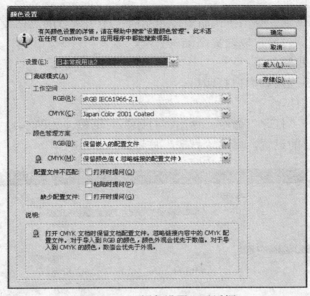

图 9-11 "颜色设置"对话框

2. 设置叠印

默认情况下，在打印不透明的重叠色时，上方颜色会挖空下方的区域。如果套印稍微不准确就会产生白边，为防止这一现象可以使用叠印，使最顶端的叠印油墨相对于低层的油墨更加透明。

（1）填充叠印：相对于细小黑线及 8mm 以下的单黑字体而言，均可直接叠印；面积相对较小的黑色块可直接叠印。因为黑色油墨是不透明的颜色（并且通常在最后打印），当叠印在某种颜色上时相对于白色背景不会有很大反差。叠印黑色可以防止在图稿的黑色和着色区域之间出现间隙。

（2）描边叠印：相对于没共同色相的色块又希望创建陷印或者覆盖油墨效果时均需要使用叠印；浅色调可以不用描边叠印，因为即使漏白也不明显；如有可能，可以给对象添加白色描边，这样不用再考虑描边叠印的问题；白色块无须压印，合拼的位图不用压印。

叠印轮廓时，应遵守浅色进入深色的原则，这样图形的边界才不至于发生明显的改变。一般是白色－黄色－青色－绿色－品红－红色－蓝色－黑色。

填充叠印的手动实现方法：选取要叠印的对象，单击"窗口"→"属性"命令，在"属性"面板中勾选"叠印填充"复选框。

描边叠印的手动实现方法：选取要叠印的对象，单击"窗口"→"属性"命令，在"属性"面板中勾选"叠印描边"复选框。

3. 创建陷印

陷印是一种叠印技术，它能够避免在印刷时由于稍微没有对齐而使打印图像出现小的缝隙。大多数情况下，为补偿图稿中各颜色之间的潜在的间隙，印刷厂使用一种称为陷印的技术，在两个相邻颜色之间创建一个小重叠区域。

陷印用于更正纯色的未对齐现象。通常情况下，不需要为连续色调图像（如照片）创建陷印。过多的陷印会产生轮廓效果。这些问题可能在屏幕上看不到，而只在打印时显现出来。

创建陷印的操作步骤如下：

（1）以 RGB 模式存储文件的一个版本，以备以后重新转换图像。

（2）选择"文件"→"文档颜色模式"→"CMYK 颜色"命令将图像转换为 CMYK 模式。

（3）选中需要设置陷印的图像，选择"效果"→"路径查找器"→"陷印"命令，打开"陷印"面板。

（4）在"宽度"数值框中输入由印刷厂提供的陷印值，然后选择度量单位并单击"确定"按钮。

4. 打印黑白校样

文件输出为防止出现错误，应该在作品最终印刷前打印出所有的黑白校样，这样可以在输出前核对文件的版式和图文等相关内容，以便提高准确程度。

打印黑白校样的操作步骤如下：

（1）确认计算机已经连接到黑白打印机。

（2）打开要打印的文件。

（3）选择"文件"→"打印"命令，弹出"打印"对话框，如图 9-12 所示。

（4）在其中进行必要的设置，单击"打印"按钮。

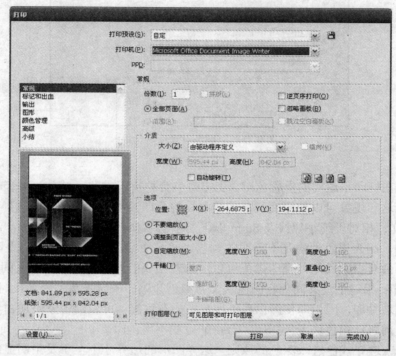

图 9-12　"打印"对话框

5. 使用"打印"对话框

"打印"对话框中的选项都是为了指导完成文档打印过程而设计的。其中很多选项是由启动文档时选择的启动配置文件预设的。下面对"打印"对话框中各选项的作用进行简要介绍。

（1）常规：设置页面大小和方向，指定要打印的份数、页面范围、缩放图稿，指定拼贴选项，选择要打印的图层。

（2）标记和出血：选择印刷标记和创建出血。

（3）输出：创建分色。

（4）图形：设置路径、字体、PostScript 文件、渐变、网格和混合的打印选项。

（5）色彩管理：选择一套打印颜色配置文件和渲染方法。

（6）高级：打印期间的矢量图稿拼合或栅格化。

（7）小结：查看和存储打印设置小结。

6. 创建分色

胶版印刷通常将图稿分为 4 版，分别用于图像的青色、洋红色、黄色和黑色 4 种原色。还可以包括自定油墨（称为专色）。在这种情况下，要为每种专色分别创建一个印版。当印刷时色版相互套准打印将这些颜色组合就会重现原始图稿。

将图片分成两种或者几种颜色的过程称为分色，而用来制作印刷过程中的胶片则称为分色片。

（1）PostScript 描述文件。

首先计算机要连接一个 PostScript 打印机或安装一个 PostScript 打印驱动程序，否则"打印"对话框中的分色选项会处于灰色状态而不可用。打印 PostScript 文件时就在 PPD 列表中选择一个 PPD 文件并设置好其他选项，单击"打印"按钮。

（2）指定出血区域。

出血就是图稿在打印过程中超出裁切线或进入书槽的图像。出血必须确实超过所预高的线，以使在修整裁切或装订时允许有微量的对版不准。Illustrator 在文件打印过程中可以指定出血的程度。如果增加出血量，Illustrator 会打印更多位于裁切标记之外的图稿。但是，裁切标记仍然会定义同样大小的打印边界。

文件出血大小设定取决于其用途，出血即成品线以外与成品自然连接的色位或图形，一般设定出血位为每边 3mm，如做封面，骑马订外还需要加上书脊位，可视内页的多少和用纸厚薄而定。

（3）打印分色。

在新一代 RIP 工作流程中是由 PostScript RIP 来完成分色、陷印和色彩管理的。在"打印"对话框"输出"区域的"模式"列表中选择"分色"选项即可打印分色。

"模式"下拉列表中有 3 个选项：复合、分色、In-RIP 分色。

- 复合：将作品保留为单色页面输出，常用于打印到彩色打印机。
- 分色：通常打开安装 Illustrator 软件的计算机指定分色。
- In-RIP 分色：在输出设备 RIP 上分色。

9.1.5　商业印刷

Illustrator CS5 是 Adobe 公司的矢量图编辑软件，该软件是当今商业制图中很重要的软件，其绘制的大多数图像（如宣传册、杂志、海报等）都是要印刷的。印刷是一门很复杂的工艺，这就要求设计师在设计作品时要做一些准备，以便能够得到更好的印刷效果。

1. 印刷设计工作流程

一般的工作流程有以下几个基本过程：

（1）明确设计及印刷要求，接收客户资料。

（2）设计：包括输入文字、图像、创意、拼版。

（3）出黑白或彩色校稿、输出菲林，让客户修改。

（4）按校稿修改。

（5）再次出校稿，让客户修改，直到定稿。

（6）让客户签字后保存。

（7）印前打样。

（8）送交印刷打样，让客户看是否有问题，如无问题，让客户签字。印前设计全部工作即告完成。如果打样中有问题，还要修改，重新输出菲林。

2. 印刷前的注意事项

（1）颜色。检查彩色文件的色彩模式是否为 CMYK 模式，如果不是，由于印刷色就是由不同的 C、M、Y 和 K 的百分比组成的颜色，所以胶片无法正确地输出。

（2）文字检查及处理。

1）如文件中有文字，请将所有文字转出，避免输出时掉文字或产生其他意想不到的错误。

2）如需在文件中保留文字，请将用到的字体随文件一起传送。

3）黑字不用四色填充，以 K100 填充即可。

（3）图片。

1）印刷的图片必须是 CMYK 模式或灰度模式，分辨率最好在 300dpi 以上。RGB 的图像直接由发排输出会导致颜色变化，与电脑显示颜色区别较大；分辨率过低则图片层次差。

2）已经完成制作的图片请去掉多余的通道和路径，分层的图片最好合并为一个图层。多余的通道和路径不仅使得文件比较大，而且容易导致输出烂图、打印过慢、解释器无法解释等问题；分层的图片可能会出现图层移位或掉图现象。

（4）文件尺寸。

1）检查是否设定好了页面尺寸。一般排版页面尺寸要与成品尺寸一致，这样有利于检查成品线是否切到文字或图像等内容，以免因设置不当而变成不良印件。

2）检查是否已经做好出血（出血即成品线以外与成品自然连接的色位或图形，一般设定出血位为每边 3mm）；如做封面，骑马订外还需要加上书脊位，可视内页的多少和用纸厚薄而定。

（5）文件链接。传送文件需要注意，文件特别是链接文件一定要齐全。通过网络传送较大的文件前建议先用压缩软件进行压缩。

（6）软件与格式。

1）用什么软件做的文件即保存成该软件的格式，必要时注明使用的操作系统和软件的版本，降低出错几率。

2）PDF 格式是印前最稳定的格式，推荐使用 PDF 输出印刷。

3）最好不用非专业平面排版软件进行输出制作，此类文件（如 Word 和 Excel 文件等）较难甚至不能印出理想的效果。

3．印刷设计常规尺寸

正度纸张：787×1092 mm

全开：781×1086、2 开：530×760、3 开：362×781、4 开：390×543、6 开：362×390、8 开：271×390、16 开：195×271。

注：成品尺寸=纸张尺寸−修边尺寸

大度纸张：850×1168 mm

全开：844×1162、2 开：581×844、3 开：387×844、4 开：422×581、6 开：387×422、8 开：290×422。

注：成品尺寸=纸张尺寸−修边尺寸

常见开本尺寸：787×1092 mm

对开：736×520、4 开：520×368、8 开：368×260、16 开：260×184、32 开：184×130。

开本尺寸（大度）：850×1168mm

对开：570×840、4 开：420×570、8 开：285×420、16 开：210×285、32 开：203×140。

名片尺寸：

横版：90×55mm（方角）、85×54mm（圆角）

竖版：50×90mm（方角）、54×85mm（圆角）

方版：90×90mm、90×95mm

IC 卡：85×54 mm

4．印刷种类

印刷的种类按颜色分为两种，即单色印刷和多色印刷。凡是一色显示印纹的都属于单色印刷。多色印刷可分为增色法、套色法和复色法 3 种。

目前使用的印刷方式主要是按照工艺分类的，一般可分为凸版印刷、平版印刷、凹版印刷和空版印刷等。

9.2 案例设计

9.2.1 案例：网络海报

知识点提示：本案例设计中主要讲述如何使用 Illustrator 软件中的"Web 图形"和"切片"功能绘制网络情人节活动海报。

1. 案例效果

使用 Illustrator 软件中的"Web 图形"和"切片"功能绘制案例——网络海报的完成效果如图 9-13 所示。

图 9-13 情人节活动海报

2. 案例制作流程

使用 Illustrator CS5 软件中的"Web 图形"和"切片"功能绘制网络情人节活动海报的基本流程如图 9-14 所示。

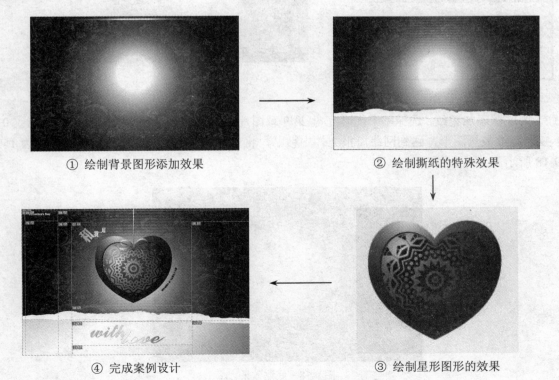

① 绘制背景图形添加效果　　　　　② 绘制撕纸的特殊效果

④ 完成案例设计　　　　　③ 绘制星形图形的效果

图 9-14 情人节海报绘制流程图

3. 案例操作步骤

（1）新建文件。选择"文件"→"新建"命令或者按 Ctrl+N 组合键，在弹出的"新建文档"对话框中设置参数如图 9-15 所示，单击"确定"按钮。

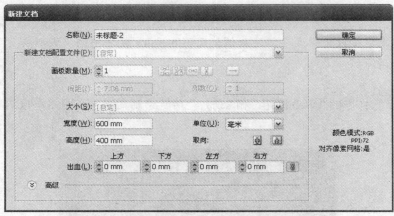

图 9-15　"新建文档"对话框

（2）制作底图。选择矩形工具，在画面中单击，弹出"矩形"对话框，在其中输入数值后单击"确定"按钮，如图 9-16 所示，将其移动到画面中央。在 Web 安全颜色面板中为其填充红色和黑色的渐变，如图 9-17 所示，描边为无。

图 9-16　"矩形"对话框

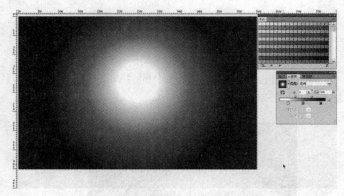

图 9-17　矩形颜色设置

（3）为底图添加花纹，选择本书配套光盘\第 9 章图片\第 9 章案例 01\网络情人节海报\花纹 01.ai 文件，复制花纹矢量图形，回到网络海报文件中粘贴，将花纹移动到画面中并改变其透明度为 15%，如图 9-18 所示。

图 9-18　底纹效果

（4）运用矩形工具▭绘制一个长600mm宽4mm填充等同于底面矩形填充的长条矩形，如图9-19所示。依次向下复制长矩形，依次执行"复制"（Ctrl+C）→"粘贴前部"（Ctrl+F）→"移动"命令，输入数值如图9-20所示。依次执行"复制"（Ctrl+C）→"粘贴前部"（Ctrl+F）→"重复移动"（Ctrl+D）命令，选择所有的长矩形进行群组，设置透明度为15%，如图9-21所示。

图9-19 添加矩形效果

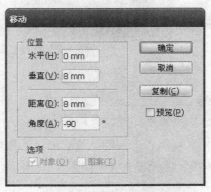

图9-20 "移动"对话框

图9-21 重复添加矩形效果

（5）运用钢笔工具✒绘制撕纸效果，3个不规则图形的颜色分别为R:54 G:0 B:0（设置透明度为15%）、白色和R:212 G:184 B:140（设置透明度为70%），如图9-22所示。复制最外层的不规则图形并设置渐变填充，如图9-23所示。最终效果如图9-24所示。

图9-22 撕纸效果

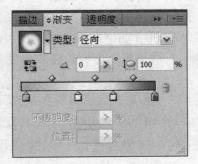

图9-23 "渐变"面板设置

图9-24 撕纸效果

（6）运用钢笔工具 ⟋ 绘制桃心形，颜色填充如图 9-25 所示，效果如图 9-26 所示。

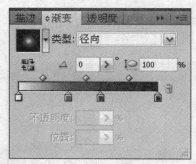

图 9-25　"渐变"面板设置

图 9-26　桃心效果

（7）复制桃心形，缩小放到原桃心形中间，颜色填充如图 9-27 所示，完成效果如图 9-28 所示。向上复制桃心形，缩小填充如图 9-29 所示，完成效果如图 9-30 所示。

图 9-27　"渐变"面板设置

图 9-28　桃心效果

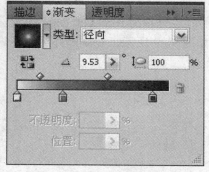

图 9-29　"渐变"面板设置

图 9-30　桃心效果

（8）打开本书配套光盘\第 9 章图片\第 9 章案例 01\网络情人节海报\花纹 02.ai 文件，将其复制到本文件中，将最上层的桃心形复制一个放到"花纹 02.ai"文档的下方，将两个图形进行居中对齐，打开"路径查找器"减去顶层，如图 9-31 所示，将其移动到桃心形上方（如图 9-32 所示），设置颜色为 R:74 G:0 B:0。再向上复制一个，填充颜色如图 9-33 所示，并调整渐变的位置和角度如图 9-34 所示。

（9）运用钢笔工具 ⟋ 绘制缎带，颜色填充如图 9-35 所示，调整后的效果如图 9-36 所示。

（10）选择字体工具 T，输入文字 with love，字体设为 Commercial Script BT，字号设为 160pt，将文字打散，变换位置焊接，颜色填充如图 9-37 所示，向下复制一个，填充颜色为 R:198 G:193B:193，调整后的效果如图 9-38 所示。

图 9-31 添加花纹后的桃心效果

图 9-32 桃心效果

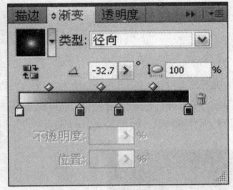

图 9-33 "渐变"面板设置

图 9-34 桃心效果

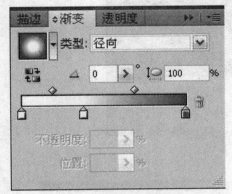

图 9-35 "渐变"面板设置

图 9-36 添加缎带后的效果

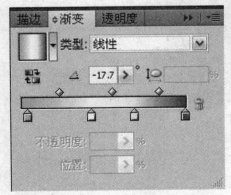

图 9-37 "渐变"面板设置

图 9-38 添加文字后的效果

（11）选择字体工具 T，输入文字 Valentine's Day，字体设为 Myriad，字号设为 24pt，输入文字"和我在一起"，字体为方正美黑，将文字打散，变换位置焊接，颜色填充如图 9-39 所示，向下复制一个，填充颜色为 R:198 G:193B:193，并输入相关主题文字，如图 9-40 所示。

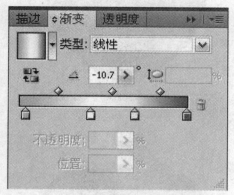

图 9-39　"渐变"面板设置

图 9-40　添加完成所有效果

（12）选择切片工具，然后在画板中单击并拖动即可创建切片，如图 9-41 所示。执行"文件"→"存储为 Web 或设备所用格式"命令，打开"存储为 Web 格式和设备所用格式"面板。使用对话框中的优化功能，预览具有不同文件格式和不同文件属性的优化图像，如图 9-42 所示。

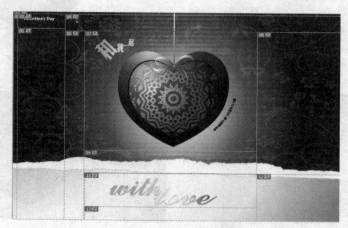

图 9-41　创建切片

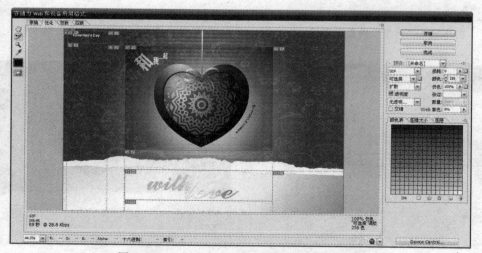

图 9-42　"存储为 Web 和设备所用格式"面板

（13）在"存储为 Web 和设备所用格式"面板中单击"存储"按钮，弹出"将优化结果存储为"对话框，输入文件名，选择存储类型"HTML 和图像*.html"，设置"默认"和切片"所有切片"，生成一个"图像"文件夹和网页浏览图标，如图 9-43 所示。

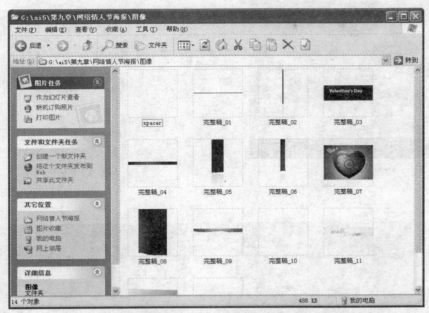

图 9-43 "图像"文件夹

9.2.2 案例：Web 站点首页

知识点提示：本案例设计中主要通过设计 Web 站点首页来熟练 Web 图形的绘制，通过本案例还可以学习表现形式独特的网站设计方法。

1. 案例效果

综合使用 Web 图形工具与其他绘图工具绘制 Web 站点首页的最终完成效果如图 9-44 所示。

图 9-44 Web 站点首页

2. 案例制作流程

使用 Web 图形工具绘制矢量图形——Web 站点首页的基本流程如图 9-45 所示。

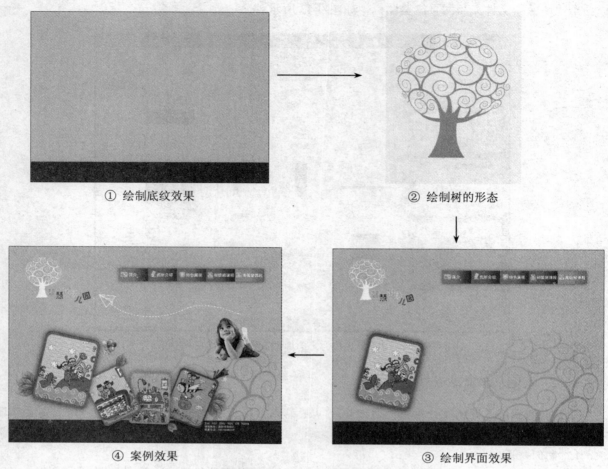

① 绘制底纹效果　　　　　　　　　　　　　② 绘制树的形态

④ 案例效果　　　　　　　　　　　　　③ 绘制界面效果

图 9-45　Web 站点首页绘制流程图

3. 案例操作步骤

（1）新建文件。选择"文件"→"新建"命令或者按 Ctrl+N 组合键，弹出"新建文档"对话框，在"新建文档配置文件"下拉列表框中选择 Web 选项，其他设置参数如图 9-46 所示，单击"确定"按钮。

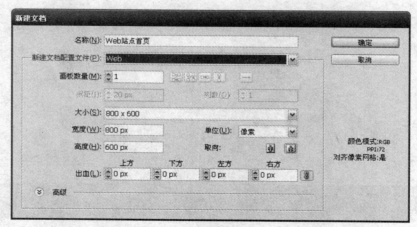

图 9-46　"新建文档"对话框

（2）制作底图。选择矩形工具 ，在画面中绘制与页面同样大小的矩形。矩形的颜色为 R:223G:220 B:34，底边矩形颜色为 R:20 G:102B:53，如图 9-47 所示。

图 9-47　底图效果

（3）运用螺旋线工具 ◎ 绘制树的枝干形状，如图 9-48 所示。选择该螺旋线，选择"对象"→"路径"→"轮廓化描边"命令修饰图形，或者打开本书配套光盘\第 9 章图片\第 9 章案例 02\ Web 站点设计\图标.ai 文件，提取图形，填充颜色为 R:155G:192B:35，如图 9-49 所示。

图 9-48　绘制螺旋线

图 9-49　树的形态

（4）运用树的形态制作底纹。设置颜色渐变如图 9-50 所示，选择正方形工具 ，在画面中单击制作导航栏，宽为 85pt，高为 39pt，执行"复制"（Ctrl+C）→"粘贴前部"（Ctrl+F）→"移动"命令，输入数值如图 9-51 所示。依次执行"复制"（Ctrl+C）→"粘贴前部"（Ctrl+F）→"重复移动"（Ctrl+D）命令，复制 4 个矩形，依次添加颜色如图 9-52 所示。

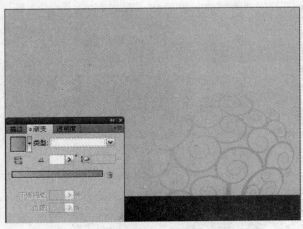

图 9-50　底纹效果

图 9-51　"移动"面板

图 9-52　导航条颜色填充

　　（5）选择矩形工具，宽为 40pt，高为 39pt，设置渐变颜色为白色到 R:208 G:0B:113，透明度为"正面叠底"，并对齐对应的导航按钮，如图 9-53 所示。依次制作剩下的导航条的装饰效果，如图 9-54 所示。选择矩形工具 □ 绘制矩形，宽为 245pt，高为 39pt，填充颜色为黑色，正面叠底不透明度为 50，然后选择"效果"→"风格化"→"外发光"命令，打开"外发光"面板（如图 9-55 所示），将其移动到导航条的下层，效果如图 9-56 所示。

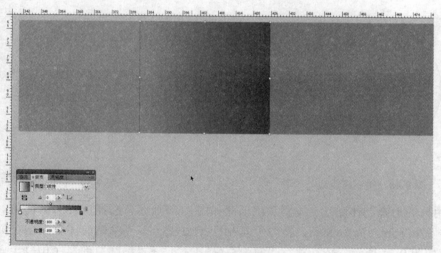

图 9-53　对齐导航按钮效果

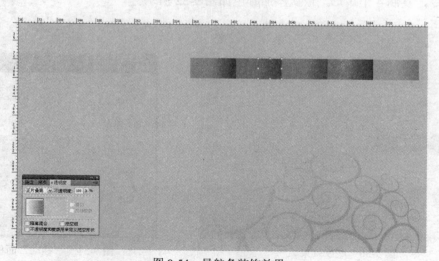

图 9-54　导航条装饰效果

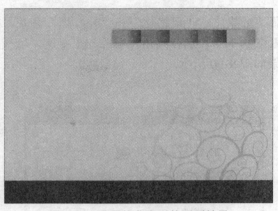

图 9-55　"外发光"面板　　　　　　　　　图 9-56　设置外发光后的画面效果

（6）为导航条添加文字内容。选择本书配套光盘\第 9 章图片\第 9 章案例 02\Web 站点设计\图标.ai 文件，复制，回到网络海报文件中进行粘贴，将图标移动到导航条中并输入相关文字内容，如图 9-57 所示。

图 9-57　为导航条添加文字内容后的画面效果

（7）选择树的图形，填充白色。设置文字字体为方正琥珀简体，描白边，填充颜色如图 9-58 所示。

图 9-58　局部效果

（8）选择圆角矩形工具 ，画一个宽为 160pt、高为 210pt、圆角度数为 16 的圆角矩形，设置颜色为 R:154G:99B:196；向上复制一个圆角矩形，填充颜色为黑色，正面叠底不透明度为 50，然后选择"效果"→"风格化"→"外发光"命令，打开"外发光"面板（如图 9-59 所示），将其移动到导航条的下层。选择圆角矩形并向上复制，填充白色，选择比例缩放工具，缩小为原来的 93%，效果如图 9-60 所示。

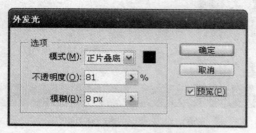

图 9-59 "外发光"面板　　　　　　　　　　　　图 19-60 圆角矩形最终效果

（9）执行"文件"→"置入"命令置入本书配套光盘\第 9 章图片\第 9 章案例 02\Web 站点设计\画 01.jpg 文件，如图 9-61 所示。放到白色圆角矩形的下一层，如图 9-62 所示。按 Shift 键选取素材图片和上方的圆角矩形，选择"对象"→"剪切蒙版"→"建立"命令或者按 Ctrl+7 组合键为图形创建剪切蒙版，调整图形位置如图 9-63 所示。

图 9-61 置入画 01　　　　　　　　　　　　　图 9-62 剪切前效果

图 9-63 创建剪切蒙版后的画面效果

（10）按照步骤 8 相同的方法绘制 3 个颜色的圆角矩形，调整图形位置如图 9-64 所示。

图 9-64　绘制 3 个圆角矩形

（11）执行"文件"→"置入"命令置入本书配套光盘\第 9 章图片\第 9 章案例 02\ Web 站点设计\画 02.jpg、画 03.jpg、画 04.jpg 文件，如图 9-65 所示。放到白色圆角矩形的下一层，如图 9-66 所示。按照步骤 9 相同的方法为图形创建剪切蒙版，调整图形位置如图 9-67 所示。

图 9-65　置入画 02、画 03、画 04

图 9-66　剪切前效果

（12）运用钢笔工具绘制小飞机和曲线，曲线的描边设置如图 9-68 所示。调整后的效果如图 9-69 所示。

（13）选择本书配套光盘\第 9 章图片\第 9 章案例 02\ Web 站点设计\图形.ai 文件打开，将其中的图形复制并粘贴到 Web 站点首页的设计稿上，调整后的效果如图 9-70 所示。

图 9-67　创建剪切蒙版后的案例效果

图 9-68　"描边"面板

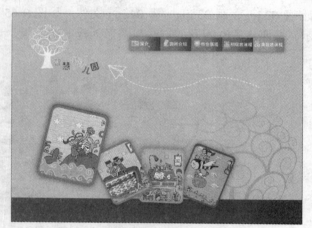

图 9-69　调整后的画面效果

图 9-70　添加图形后的画面效果

（14）执行"文件"→"置入"命令置入本书配套光盘\第 9 章图片\第 9 章案例 02\Web 站点设计\小女孩图片.psd 文件，如图 9-71 所示。调整后的效果如图 9-72 所示。

图 9-71 置入小女孩图片 | 图 9-72 置入女孩图片后的画面效果

（15）在画面上输入文字。选择文字工具 T，字号设为 8pt，英文字体设为 AIGDT，中文字体设为新宋体，在画面中输入文字后的最终效果如图 9-73 所示。

图 9-73 Web 站点首页

（16）全选画面中的所有图形，执行"对象"→"切片"→"建立"命令，再执行"文件"→"存储为 Web 或设备所用格式"命令，打开"存储为 Web 格式和设备所用格式"面板。使用其中的优化功能，预览具有不同文件格式和不同文件属性的优化图像，如图 9-74 所示。

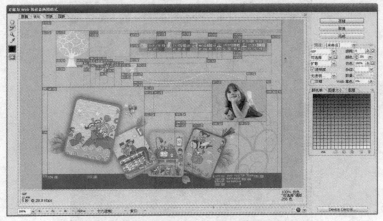

图 9-74 "存储为 Web 和设备所用格式"面板

（17）在"存储为 Web 和设备所用格式"面板中单击"存储"按钮，弹出"将优化结果存储为"对话框，输入文件名，选择存储类型（HTML 和图像*.html），设置（默认）和切片（所有切片）。生成一个"新建文件夹"文件夹和网页浏览图标，如图 9-75 所示。

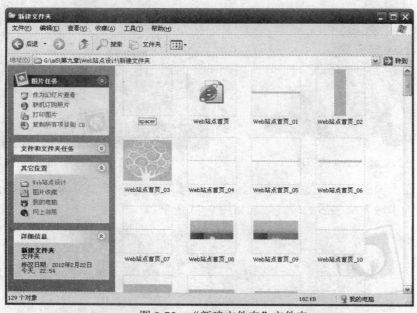

图 9-75　"新建文件夹"文件夹

9.2.3　案例：咖啡厅宣传海报

知识点提示：本案例设计中主要是通过设计咖啡厅宣传海报熟练设计软件的相关操作方法，通过本案例还可以了解设计后期印刷的相关知识。

1. 案例效果

综合运用软件的各个工具绘制矢量图案例——咖啡厅宣传海报的完成效果如图 9-76 所示。

图 9-76　最终完成效果

2. 案例操作流程

矢量图案例——咖啡厅宣传海报的绘制流程图如图 9-77 所示。

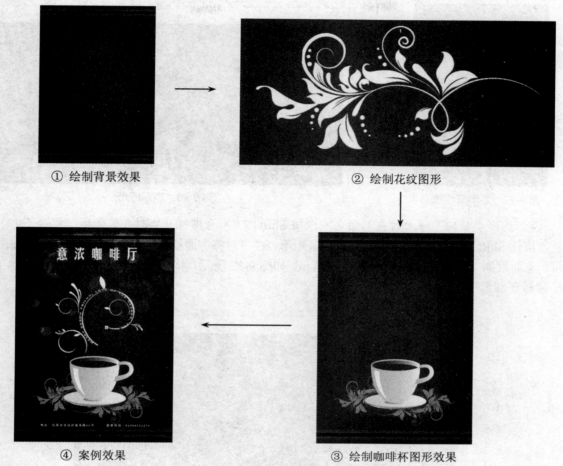

① 绘制背景效果　　　　　　　　　　　　② 绘制花纹图形

④ 案例效果　　　　　　　　　　③ 绘制咖啡杯图形效果

图 9-77　咖啡厅宣传海报绘制流程图

3. 案例操作步骤

（1）新建文件。选择"文件"→"新建"命令或者按 Ctrl+N 组合键，颜色模式为 CMYK，分辨率为 300dpi，在弹出的"新建文档"对话框中设置参数如图 9-78 所示，单击"确定"按钮。

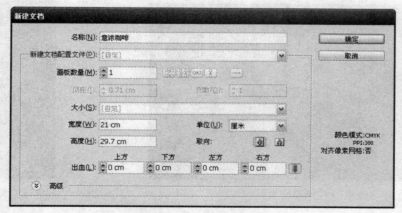

图 9-78　"新建文档"对话框

（2）制作底图。选择矩形工具 ，在画面中绘制与页面同样大小的矩形。矩形用网格工具填充渐变颜色，四周的颜色为 C:76M:100Y:59K:40，中心点颜色为 C:21M:99Y:8K:0，如图 9-79 所示。

（3）底边绘制一个白色矩形，宽为 21cm，高为 1cm，颜色填充为白色，在"透明度"面板中设置柔光，将这个矩形复制两个，其中一个矩形设置高为 0.0992cm，如图 9-80 所示。

图 9-79　矩形颜色填充

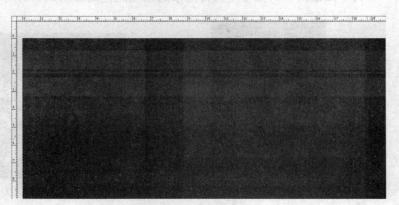

图 9-80　矩形图形

（4）选择"窗口"→"对齐"命令或者按 Shift+F7 组合键打开"对齐"面板，将最下方的矩形上移，按住 Shift 键的同时选择此矩形和细条矩形，在"对齐"面板中选择垂直顶对齐 ，如图 9-81 所示。上面绘制一个黑色矩形，高为 0.5027cm，如图 9-82 所示，将这几个矩形群组，运用镜像工具 水平翻转复制图形，如图 9-83 所示。

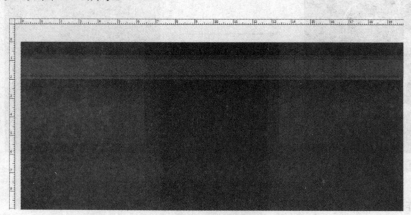

图 9-81　对齐矩形图形

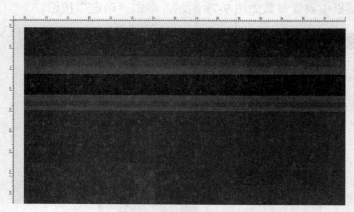

图 9-82　绘制黑色矩形

图 9-83　水平翻转复制图形

（5）运用椭圆形工具 绘制椭圆，透明度设置为柔光，如图 9-84 所示。打开本书配套光盘\第 9 章图片\第 9 章案例 03\意浓咖啡\图形 1.ai 文件，提取图形并复制/粘贴到意浓咖啡设计稿上，调整后的效果如图 9-85 所示。

图 9-84　圆形加柔光效果

图 9-85　添加咖啡杯后的画面效果

（6）运用钢笔工具 ✒ 绘制装饰图形如图 9-86 所示，最终效果如图 9-87 所示。

图 9-86　绘制装饰图形

图 9-87　装饰图形效果

（7）运用镜像工具 🔃 镜像复制装饰图形放置在咖啡杯底部，透明度设为 50%，如图 9-88 所示。

（8）运用椭圆形工具 ⬭，按住 Shift 键在画面上绘制正圆形，设置其透明属性为柔光，如图 9-89 所示。复制该圆形并调整它们的大小，如图 9-90 所示。

图 9-88　镜像复制装饰图形

图 9-89　绘制圆形并添加柔光效果

图 9-90 复制圆形效果

（9）运用选择工具 选择这些圆形，右击并选择"编组"命令，或者按 Ctrl+G 组合键。选择矩形工具 ，在画面中绘制与页面同样大小的矩形。选择该矩形和经编组的圆形，选择"对象"→"剪切蒙版"→"建立"命令或者按 Ctrl+7 组合键，如图 9-91 所示。

图 9-91 编组并创建剪切蒙版后的画面效果

（10）运用钢笔工具 绘制曲线路径，如图 9-92 所示，将该路径设置给文字路径，输入内容"Heart bosom friend，love of the harbor，the taste of life starts from here"，颜色为白色，如图 9-93 所示。

图 9-92 绘制曲线路径

图 9-93　曲线文字效果

（11）运用钢笔工具  绘制花纹，如图 9-94 所示，调整画面效果如图 10-95 所示。

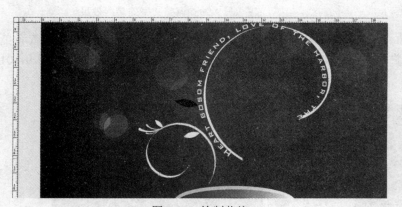

图 9-94　绘制花纹

图 9-95　绘制花纹后的画面效果

（12）运用文字工具 T 输入文字"意浓咖啡厅"，"字符"面板参数设置如图 9-96 所示，颜色为白色，最终效果如图 9-97 所示。

图 9-96　"文字"面板

图 9-97　添加文字后的效果

（13）运用文字工具 T 输入相应的内容，"字符"面板参数设置如图 9-98 所示，调整文字的最终效果如图 9-99 所示。

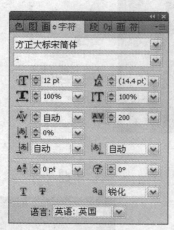

图 9-98　"文字"面板

图 9-99　调整文字的最终效果

（14）运用选择工具 ▶ 选择所有黑色的图形，设置叠印，选择"窗口"→"属性"命令或者单击程序窗口右侧的图标 弹出"属性"面板，如图 9-100 所示，进行设置，画面最终效果如图 9-101 所示。

图 9-100　"属性"面板参数设置

图 9-101　画面最终效果

9.2.4　案例：月饼报纸广告

知识点提示：本案例设计中主要通过设计中秋月饼报纸广告来熟练设计软件的相关操作方法，通过本案例还可以了解设计后期印刷的相关知识。

1. 案例效果

综合运用软件的多种工具绘制矢量图——荷塘月色中秋海报效果如图 9-102 所示。

图 9-102 荷塘月色中秋海报

2. 案例制作流程

矢量图案例——荷塘月色中秋海报的绘制基本流程如图 9-103 所示。

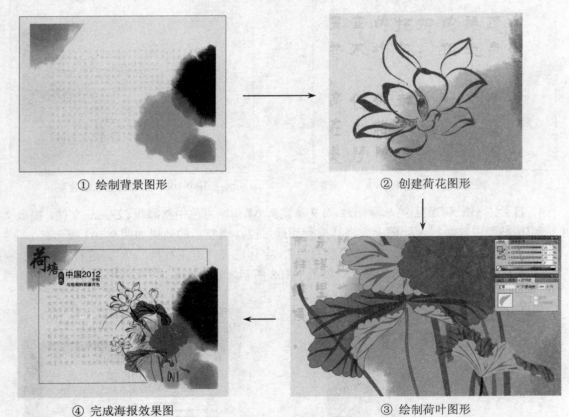

① 绘制背景图形   ② 创建荷花图形

④ 完成海报效果图   ③ 绘制荷叶图形

图 9-103 基本流程图

3. 案例操作步骤

（1）新建文件。选择"文件"→"新建"命令或者按 Ctrl+N 组合键，颜色模式为 CMYK，分辨率为 300dip，半版报纸广告尺寸高为 24.8cm，宽为 31.8cm，在弹出的"新建文档"对话框中设置参数如图 9-104 所示，单击"确定"按钮。

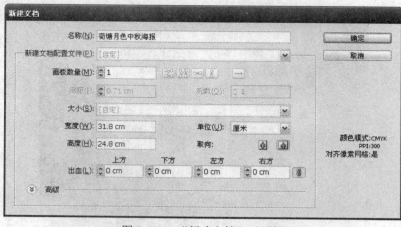

图 9-104　"新建文档"对话框

（2）制作底图。选择矩形工具 ▦，在画面中绘制与页面同样大小的矩形，颜色填充为 C:23M:48Y:63K:1，透明度为 22%，如图 9-105 所示。

（3）为底图添加背景花纹。导入本书配套光盘\第 9 章图片\第 9 章案例 04\荷塘月色中秋海报\背景图案.psd 文件，运用比例缩放工具 ▣ 调整其大小为原来的 90%，调整位置，如图 9-106 所示。

图 9-105　底图效果

图 9-106　添加背景花纹效果

（4）打开本书配套光盘\第 9 章图片\第 9 章案例 04\荷塘月色中秋海报\文字.ai 文件，提取文字图形并复制/粘贴到中秋海报设计稿上，将其排列到最后层，调整后的效果如图 9-107 所示。

（5）运用文字工具 T 输入文字"荷塘月色"，字体选择"方正行楷简体"，选择"对象"→"扩展"命令将文字转化为可以编辑的路径，如图 9-108 所示。

图 9-107　画面效果

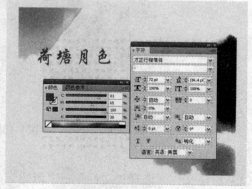

图 9-108　文字效果

（6）依次对文字进行编辑。对文字大小进行适当的调整后，对"月色"进行特殊处理，运用圆角矩形工具画一个两头圆形的矩形，宽为 0.8cm，高为 2cm，填充颜色为 C:59M:100Y: 100K:56，再次输入文字"月色"，字体选择"方正黑宋简体"，调整大小并拖动到绘制好的圆角矩形上，最终效果如图 9-109 所示。

图 9-109　文字效果

（7）运用钢笔工具 ![钢笔]绘制装饰线，并在顶端用矩形工具 ![矩形]绘制高、宽均为 0.5cm 的正方形，填充颜色为 C:67M:59Y:56K: 6，如图 9-110 所示，最终效果如图 9-111 所示。

图 9-110　装饰图形

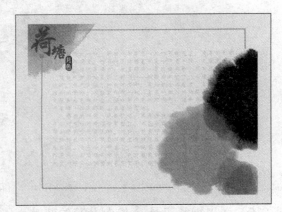

图 9-111　装饰图形效果

（8）运用钢笔工具 ![钢笔]绘制装饰荷花，颜色为 C:35M:100Y:35K:10，花心部分颜色为 C:18M:50Y:18K:5，如图 9-112 所示，完整的荷花效果如图 9-113 所示。

图 9-112　装饰荷花图形

图 9-113　荷花效果

（9）运用钢笔工具 绘制荷花的叶茎和荷花叶，颜色为黑色，如图 9-114 所示。绘制荷花其他的叶茎，颜色为 C:78M:76Y:75K:52，透明度设置为 65，如图 9-115 所示。绘制荷花其他的叶茎，如图 9-116 所示。

图 9-114　荷花叶茎图形效果

图 9-115　荷花叶茎图形效果

图 9-116　荷花叶茎图形效果

（10）运用钢笔工具 绘制荷花的花叶为黑色边线，填充色为 C:79M:79Y:78K:60，透明度为 60，上面的茎颜色为 C:80M:80Y:77K:60，如图 9-117 所示。绘制荷花花叶的翻转部分，填充色为 C:13M:15Y:20K: 0，透明度为 65，上面的茎颜色为 C:69M:65Y:62:16，透明度为 65，如图 9-118 所示。

图 9-117　荷花叶茎图形效果

图 9-118　荷花叶茎图形效果

（11）运用钢笔工具 ✎ 绘制荷花的花叶，填充色为 C:69M:65Y:62K:16，透明度为 83，上面的茎颜色为 C:69M:65Y:62K:16，如图 9-119 所示。

图 9-119　荷花叶茎图形效果

（12）运用钢笔工具 ✎ 绘制荷花的花叶边缘，颜色为 C:60M:68Y:86K:27，填充色为 C:69M:65Y:62K:16，透明度为 65，上面的茎颜色为 C:80M:80Y:78K:60，透明度为 65，如图 9-120 所示。荷花花叶的翻转部分填充色为 C:25M:31Y:35K:0，上面的茎颜色为 C:69M:65Y:62:16，透明度为 65，如图 9-121 所示。

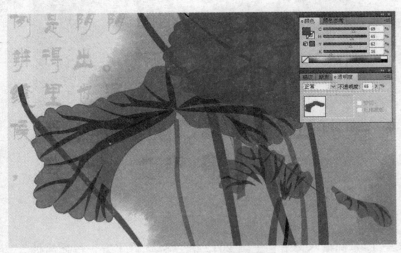

图 9-120　荷花叶茎图形效果

图 9-121　荷花叶茎图形效果

（13）运用钢笔工具绘制其余的荷花，如图 9-122 所示。绘制荷花上面的水滴，颜色填充为 C:10M:5Y:40K:0，不同的水滴透明度有所不同，如图 9-123 所示，整棵荷花效果如图 9-124 所示。

图 9-122　荷花图形效果

图 9-123　添加水滴后的效果

图 9-124　整棵荷花图形效果

（14）运用文字工具输入文字"中国 2012"，字体选择"方正黑体简体"，字号为 36pt；输入文字"中秋与您相约荷塘月色"，字号为 18pt，右侧对齐，如图 9-125 所示。

图 9-125　最终画面效果

9.2.5　案例：房地产广告

知识点提示：本案例设计中主要通过房地产广告的设计来熟练设计软件的相关操作方法，通过本案例还可以了解设计后期印刷的相关知识。

1．案例效果

综合使用软件中的多种工具绘制房地产广告矢量图完成效果如图 9-126 所示。

图 9-126　房地产广告效果

2．案例制作流程

使用多种工具绘制矢量图——房地产广告的基本流程如图 9-127 所示。

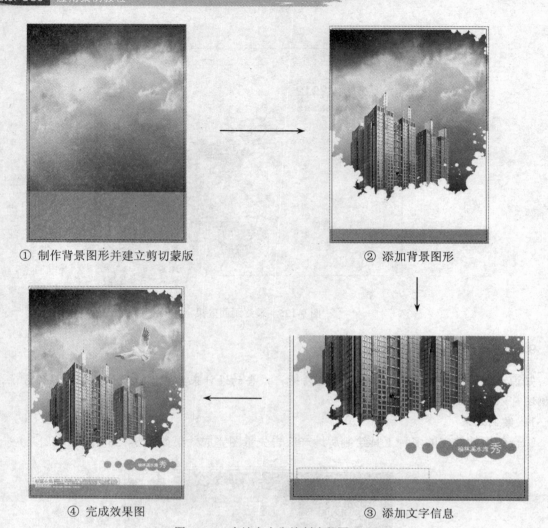

① 制作背景图形并建立剪切蒙版　　　　② 添加背景图形

④ 完成效果图　　　　　　　　　　③ 添加文字信息

图 9-127　房地产广告绘制流程图

3. 案例操作步骤

（1）新建文件。选择"文件"→"新建"命令或者按 Ctrl+N 组合键，颜色模式为 RGB，分辨率为 300dpi，半版报纸广告尺寸高为 24.8cm，宽为 31.8cm，出血为 0.3cm，在弹出的"新建文档"对话框中设置参数如图 9-128 所示，单击"确定"按钮。

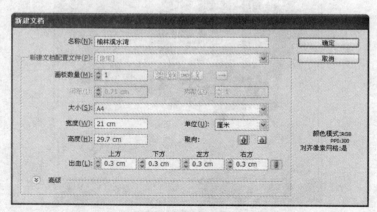

图 9-128　"新建文档"对话框

（2）制作底图。选择矩形工具 ▢，在画面中绘制与页面加上出血同样大小的矩形，颜色填充为 C:65M:0Y: 5K:0，如图 9-129 所示。

图 9-129　绘制矩形

（3）为底图添加背景花纹。置入本书配套光盘\第 9 章图片\第 9 章图片 05\房产海报\天空.jpg 图片，在"置入"面板中选择"链接"复选框，如图 9-130 所示。调整"天空"图片的大小。选择矩形工具 ，在画面中绘制与底面矩形同样大小的矩形，同时选择"天空"图片和新画的矩形，选择"对象"→"剪切蒙版"→"建立"命令或者按 Ctrl+7 组合键为图形创建剪切蒙版，如图 9-131 所示。

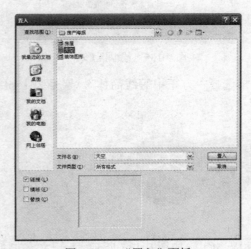

图 9-130　"置入"面板

图 9-131　置入"天空"图片后的效果

（4）为底图添加背景图形。置入本书配套光盘\第 9 章图片\第 9 章案例 05\房产海报\房屋.psd 图片，调整大小如图 9-132 所示。运用钢笔工具 和圆形工具 绘制抽象图形，如图 9-133 所示。

图 9-132　置入"房屋"图片后的效果

图 9-133　绘制抽象图形

（5）打开本书配套光盘\第 9 章图片\第 9 章图片案例 05\房产海报\海鸥.ai 文件，提取图形并复制/粘贴到房产海报设计稿上，调整后的效果如图 9-134 所示。运用椭圆形工具 ◯ 绘制圆形，颜色为 C:65M:0Y: 5K:0，半径分别为 1cm、1.5cm、2cm，如图 9-135 所示。

图 9-134　添加海鸥图形后的效果

图 9-135　绘制图形

（6）运用文字工具 T 输入文字"榆林溪水湾"，字体选择"方正中等线简体"，字号为 15pt；输入文字"秀"，字号为 30pt，颜色为白色，如图 9-136 所示。

图 9-136　文字效果

（7）运用钢笔工具 ♦ 绘制装饰图形，颜色为 C:65M:0Y: 5K:0，如图 9-137 所示。运用文字工具 T 输入文字"崭露头角"和相关的宣传文字，如图 9-138 所示。

图 9-137　装饰效果

（8）以 RGB 模式存储文件的一个版本，以备以后重新转换图像。选取"文件"→"文档颜色模式"→"CMYK 颜色"命令将图像转换为 CMYK 模式，如图 9-139 所示。

图 9-138　文字效果

图 9-139　转换颜色模式

（9）创建陷印。选择选择工具 ，按住 Shift 键的同时选择画面中的照片（房屋和天空），选择"对象"→"锁定"→"所选对象"命令或者按 Ctrl+2 组合键锁定图片，如图 10-140 所示。按 Ctrl+A 组合键全选画面中的其他物体，选择"效果"→"路径查找器"→"陷印"命令打开"陷印"面板，设置如图 9-141 所示，单击"确定"按钮。画面最终效果如图 9-142 所示。

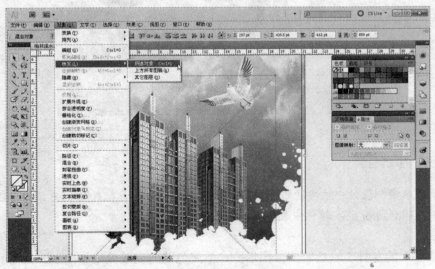

图 9-140　锁定图像

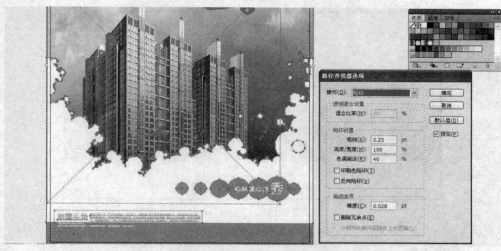

图 9-141　"路径查找器"面板

图 9-142　画面最终效果

9.2.6　案例：牛奶包装

知识点提示： 本案例设计中主要通过牛奶包装的设计来熟练设计软件的相关操作方法，通过本案例还可以掌握怎样在 Illustrator CS5 软件中表现立体效果的相关知识。

1. 案例效果

综合使用软件中的各种工具绘制矢量图形——牛奶包装的完成效果如图 9-143 所示。

图 9-143　牛奶包装

2．案例制作流程

矢量图案例——牛奶包装的绘制基本流程如图 9-144 所示。

① 绘制初乳蛋白纯牛奶包装盒

② 为牛奶包装添加文字内容

④ 牛奶包装效果

③ 绘制牛奶包装袋

图 9-144　牛奶包装绘制流程图

3．案例操作步骤

（1）新建文件。选择"文件"→"新建"命令或者按 Ctrl+N 组合键，颜色模式为 CMYK，分辨率为 300dpi，半版报纸广告尺寸高为 24.8cm，宽为 31.8cm，"新建文档"对话框中的参数设置如图 9-145 所示，单击"确定"按钮。

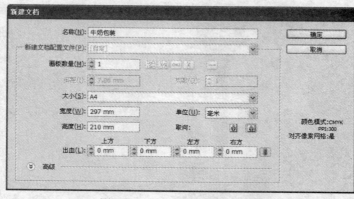

图 9-145　"新建文档"对话框

（2）制作底图。选择矩形工具 ▭，在画面中绘制与页面加上出血同样大小的矩形，颜色填充为白色，用网格工具填充渐变颜色，如图 9-146 所示。

图 9-146　制作底图

（3）运用"钢笔工具" ✎ 绘制牛奶的外包装，正面的填充颜色为 C:4M:3Y:4K:0，侧面的填充颜色为渐变色，如图 9-147 所示。运用钢笔工具 ✎ 绘制牛奶外包装的转折，亮处填充颜色为白色，转折暗部的填充颜色分别为 C:52M:43Y:41K:0 和 C:73M:66Y:63K:20，透明度为 41 和 51，牛奶包装盒身侧面的阴影颜色为 C:52M:43Y:41K:0，透明度为 20，如图 9-148 所示。

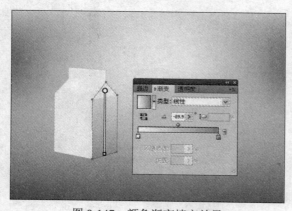

图 9-147　颜色渐变填充效果

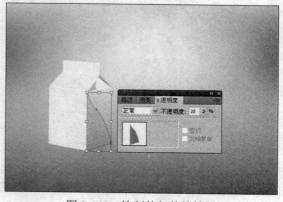

图 9-148　绘制外包装的转折

（4）运用钢笔工具 ✎ 绘制牛奶外包装的装饰图形——牛奶流淌的形状，颜色填充为白色，阴影填充颜色如图 9-149 所示。运用钢笔工具 ✎ 绘制牛奶包装的装饰图形，MILK 图形用黑色边线和黑色花纹，如图 9-150 所示。

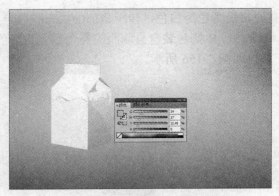
图 9-149　绘制牛奶流淌形状的装饰图形

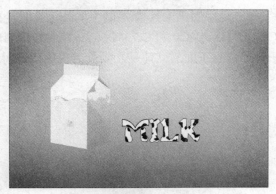
图 9-150　绘制 MILK 图形

（5）打开本书配套光盘\第 9 章图片\第 9 章案例 06\牛奶包装\标志.ai 文件，提取图形并复制/粘贴到牛奶包装的设计稿上，如图 9-151 所示。运用倾斜工具 ⬚ 调整 MILK 图形和标志，调整后的效果如图 9-152 所示。

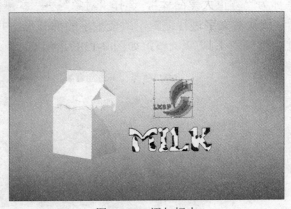
图 9-151　添加标志

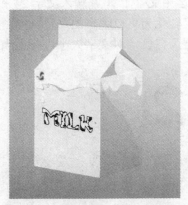
图 9-152　调整 MILK 图形和标志效果

（6）运用钢笔工具 ⬚ 绘制牛奶包装的装饰图形，颜色填充为 C:32M:30Y:91K:0，如图 9-153 所示。运用文字工具 ⬚ 输入文字"初乳蛋白纯牛奶"，字体为"方正小标宋简体"，输入包装文字（生产日期、英文宣传文字等），运用倾斜工具 ⬚ 进行调整，如图 9-154 所示。

图 9-153　绘制牛奶包装装饰图形

图 9-154　添加包装文字后的效果

（7）运用钢笔工具 ⬚ 绘制长方形的牛奶外包装，正面的填充颜色为 C:42M:40Y:93K:0，侧面的填充颜色为 C:4M:3Y:4K:0，顶端盒口厚度部分的颜色为 C:61M:61Y:100K:19，如图 9-155 所示。

（8）运用钢笔工具 ✐ 绘制牛奶外包装的转折，亮处填充颜色为白色，转折暗部的填充颜色分别为 C:52M:43Y:41K:0 和 C:73M:66Y:63K:20，透明度为 41 和 51，牛奶包装盒身侧面的亮光颜色为白色，牛奶包装盒身正面的立体反光颜色为白色，透明度为 20，如图 9-156 所示。

图 9-155　绘制牛奶外包装

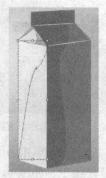

图 9-156　绘制外包装的转折

（9）运用文字工具 T 输入文字 24 和 MILK，字体为"方正大黑简体"，选择"对象"→"扩展"命令将文字转化为可以编辑的路径，如图 9-157 所示。依次对文字进行编辑，改变数字的部分形态并将颜色设置为白色，对文字大小进行适当的调整，并运用倾斜工具 ✑ 调整，如图 9-158 所示。

图 9-157　添加文字

图 9-158　调整文字后的效果

（10）打开本书配套光盘\第 9 章图片\第 9 章案例 06\牛奶包装\标志.ai 文件，提取图形并复制/粘贴到牛奶包装的设计稿上，运用倾斜工具 ✑ 调整，调整后的效果如图 9-159 所示。运用文字工具 T 输入文字"初乳蛋白纯牛奶"，字体为"方正小标宋简体"，输入包装文字（生产日期、英文宣传文字等），运用倾斜工具 ✑ 调整，如图 9-160 所示。

图 9-159　添加标志后的效果

图 9-160　添加包装文字后的效果

（11）运用钢笔工具 ✐ 绘制牛奶的外包装袋，正面的填充颜色为白色，侧面的填充颜色为渐变色，如图 9-161 所示。

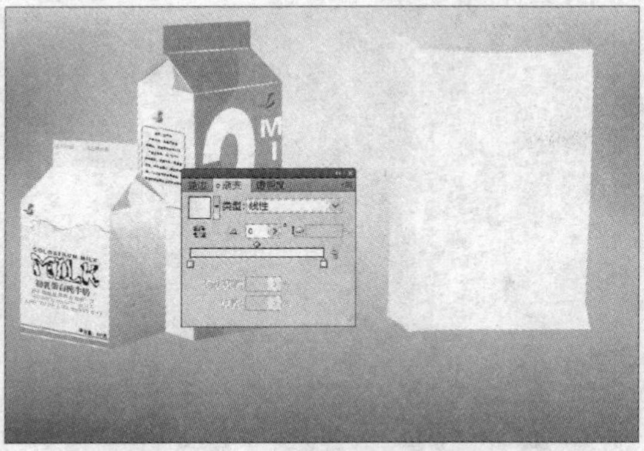

图 9-161　包装袋绘制效果

（12）运用钢笔工具绘制牛奶的外包装袋，左侧折口的部位颜色填充为 C:0M:0Y:0K:30，右侧折口的部位颜色填充为 C:0M:0Y:0K:30，后面部分填充渐变颜色，如图 9-162 所示。

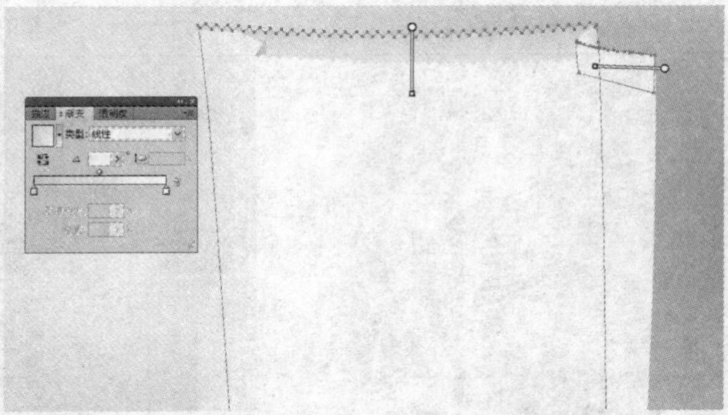

图 9-162　包装袋细节效果

（13）运用钢笔工具绘制牛奶外包装袋的装饰图形，并将牛奶包装盒上的图案复制到包装袋上，调整大小和透视关系，如图 9-163 所示。打开本书配套光盘\第 9 章图片\第 9 章案例 06\牛奶包装\杯子.ai 文件，提取图形并复制/粘贴到牛奶包装的设计稿上，调整各个包装盒、袋和杯子的大小与位置，如图 9-164 所示。

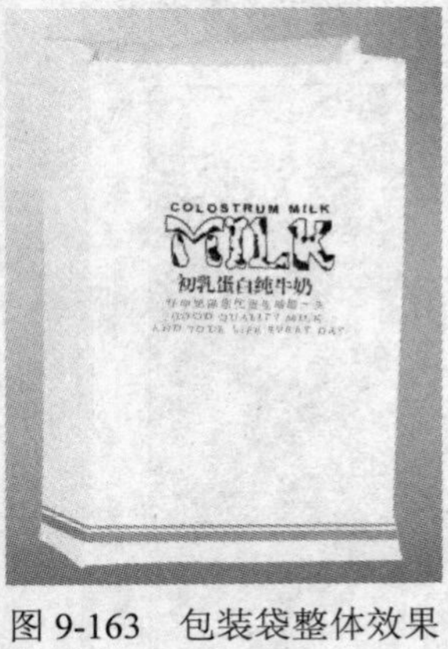

图 9-163　包装袋整体效果

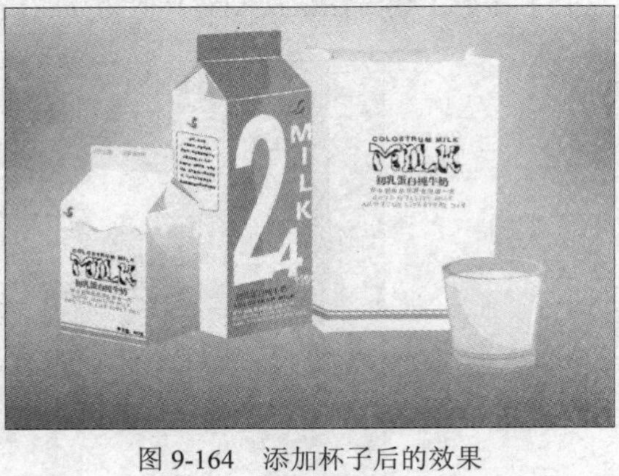

图 9-164　添加杯子后的效果

（14）制作过渡影子效果。运用选择工具选择较小的牛奶包装盒两个侧面上的所有图形分别群组并水平镜像复制，运用倾斜工具调整，并在“透明度”面板中建立不透明蒙版，选择蒙版区域，运用矩形工具在较小的牛奶包装的镜像图形位置绘制矩形，添加黑色到白色的渐变，如图 9-165 所示。过渡影子最终效果如图 9-166 所示。

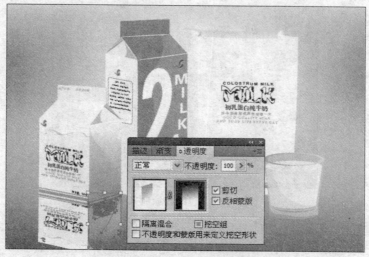

图 9-165 "透明度"面板

图 9-166 影子效果

（15）按照上述方法依次制作其他物品的影子效果，最终效果如图 9-167 所示。

图 9-167 案例最终效果

9.3　本章小结

本章主要讲述了 Web 图形、图形切片分割的基本操作，以及设计后相关印刷工作的注意事项，其中包括 Web 图形的格式和注意事项、使用切片分割、编辑切片、打印输出等知识，通过 6 个案例的具体绘制来进一步掌握使用 Illustrator CS5 进行基本形状绘制的方法。

9.4　拓展练习

综合运用 Web 图形的创建、图形切片分割等相关知识绘制一个个人网页，效果如图 9-168 所示。

图 9-168　个人网页效果图

9.5　作业

一、选择题

1. 在网页中选中一个或多个元素对象，执行（　　）命令，根据选中图形分别建立单个切片。
   A. "对象" → "切片" → "建立"
   B. "对象" → "建立"
   C. "对象" → "切片" → "从所选对象创建"
2. 用于打印的设计文件一般应选用（　　）色彩模式。
   A. RGB　　　　　　　B. CMYK　　　　　C. 专色
3. 设计文件在进行设计前应设置出血，一般出血设置为（　　）mm。
   A. 2　　　　　　　　B. 2.5　　　　　　　C. 3

二、简答题

印刷设计的工作流程是怎样的？

附录 部分习题参考答案

第2章

1. A   2. A   3. B

第3章

1. C   2. B   3. A

第4章

1. B   2. B   3. A

第5章

1. B   2. D   3. A   4. C

第6章

1. C   2. D   3. C

第7章

1. A   2. B   3. C

第8章

1. A   2. B   3. C

第9章

1. A   2. B   3. C

参考文献

[1] 方宁，唐有明等编著. Illustrator CS5 中文版从新手到高手. 北京：清华大学出版社，2011.

[2] 新知互动编著. Illustrator CS5 平面广告创意. 北京：中国铁道出版社，2011.

[3] 李东博，吴保荣编著. Illustrator CS5 标准教程. 北京：中国电力出版社，2010.

[4] 李明云编著. Illustrator 10 经典效果 100 例. 上海：上海科学普及出版社，2003.

[5] 唐有明，席宏伟编著. 创意+：Illustrator CS4 中文版图形设计技术精粹. 北京：清华大学出版社，2010.

[6] 汪晓斌，张顺利，李达编著. Illustrator CS3 中文版案例教程. 北京：人民邮电出版社，2008.

[7] 张会锋，高扬，张勇正主编. Illustrator CS5 艺术设计高级教程. 北京：中国青年出版社，2011.

[8] 李东博，吴保荣编著. 中文版 Illustrator CS5 标准教程. 北京：中国电力出版社，2011.

[9] 素材中国网站：http://www.sccnn.com/.

《电脑美术与艺术设计实例教程丛书》

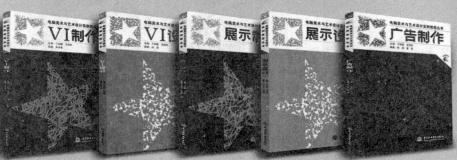

《全国高职高专艺术设计专业基础素质教育规划教材》